教育部大学计算机课程改革项目
计算机艺术设计规划教材

主编：何洁 杨静

数字游戏设计

黄 石 编著

清华大学出版社
北京

内 容 简 介

本书以提升大学生的信息素养和计算思维能力为主要目的,较为系统地阐述了数字游戏设计的一般理论与基础知识。全书分为三大部分:第一部分为游戏的基本概念,包括游戏的开发流程、玩家心理与游戏产业;第二部分为经典游戏案例的要点剖析,讲解动作、策略、社交、沙盒、情感等游戏设计元素;第三部分为游戏的设计入门,对策划文档的写作、游戏美术设计与游戏引擎的使用进行全面的介绍。本书针对艺术与设计专业的实际需求进行编写,是一本面向高等院校和职业院校的基础性入门教材。

图书在版编目(CIP)数据

数字游戏设计/黄石编著. —北京:清华大学出版社,2018(2024.2 重印)
(教育部大学计算机课程改革项目·计算机艺术设计规划教材)
ISBN 978-7-302-49684-7

Ⅰ. ①数… Ⅱ. ①黄… Ⅲ. ①游戏程序－程序设计－高等学校－教材 Ⅳ. ①TP317.6

中国版本图书馆 CIP 数据核字(2018)第 035257 号

责任编辑:谢 琛
封面设计:常雪影
责任校对:梁 毅
责任印制:宋 林

出版发行:清华大学出版社
  网 址:https://www.tup.com.cn,https://www.wqxuetang.com
  地 址:北京清华大学学研大厦 A 座   **邮 编:**100084
  社 总 机:010-83470000   **邮 购:**010-62786544
  投稿与读者服务:010-62776969,c-service@tup.tsinghua.edu.cn
  质量反馈:010-62772015,zhiliang@tup.tsinghua.edu.cn
  课件下载:https://www.tup.com.cn,010-83470236
印 装 者:北京建宏印刷有限公司
经 销:全国新华书店
开 本:185mm×260mm **印 张:**8.75 **字 数:**209 千字
版 次:2018 年 7 月第 1 版   **印 次:**2024 年 2 月第 5 次印刷
定 价:39.00 元

产品编号:078002-01

序

　　《计算机艺术设计规划教材》是在教育部高等学校文科计算机基础教学指导分委员会组织下完成的教育部"大学计算机课程改革项目·计算机艺术设计课程与教材创新研究"的成果，涵盖了大学计算机基础、信息与交互设计、互动媒体艺术、数字游戏设计、计算机网页设计、计算机动画应用与开发等内容。本套教材由清华大学美术学院牵头，国内多所在本领域具有广泛影响力的综合性院校和艺术院校的相关专业教师参与，目的是通过教材创新改革引导学生利用计算思维，发现并善于借助计算机的优势，科学运用计算机技术，培养学生基于计算思维优化创新、应用设计的综合能力，以适应当今时代的发展和需求。

　　在计算机技术应用目的、层次、范围不断扩延和提升的今天，其学科渗透与产业渗透越来越明显，计算机技术也正从一项或是一个系列性的技术技能，升蜕为一种思维模式，并进而深刻影响着人们分析与解决问题的角度和方式。换言之，计算思维已成为当今艺术设计领域从业人员不可或缺的素质和能力。尤其是其与艺术思维的互补和互动，彰显出鲜明的创新驱动性和广阔的发展前景。因此，在新的趋势下通过教材的改革创新将计算思维引入课程和训练环节，对推动计算机教学的改革与研究，具有积极的现实意义。

　　随着艺术设计人才培养改革的深入，如何构建以计算思维培养为导向的课程体系，探讨计算思维方式培养与应用的教学模式，提升学生多元化思维的能力，已成为时代的重要命题。本系列教材的编写，体现了各编著者多年来在此领域的努力和经验，反映了他们长期以来对计算机教学理论与实践探索总结的成果，具有较强的针对性和问题意识。教材内容力求在理论层面，从以计算思维为基础、与艺术思维相结合的角度，形成对计算机课程和知识结构、体系的务实探讨，从而有利于学生多元化思维的建立，以适应时代与社会、行业与职业的发展需求。

　　相信通过本系列教材的出版发行，将进一步引发艺术设计领域同仁对计算思维及计算思维模式与应用技术的关注和重视，推动计算机教学改革与课程建设的深层次尝试和探究。

　　是为序。

清华大学美术学院　何　洁　杨　静
2016 年 12 月

前　言

近年来,信息技术高速发展,人类的诸多社会活动呈现出数字化、智能化、联网化的趋势。艺术作为人类社会意识形态的结晶,在新技术和新媒介的催化下促生出诸多新的表现形式。其中,最引人注目的当属具备交互特征的新媒体艺术。新媒体艺术是一种以数字技术为基础,以互动和连结为手段,独具魅力的艺术形式。随着时代的发展,信息艺术、数字媒体艺术、第九艺术等名词开始被广泛关注。其中,数字游戏作为一种喜闻乐见的娱乐形式,在经济活动和社会文化中逐渐崭露头角。

那么,游戏究竟是不是一门艺术? 它究竟有哪些内涵和外延? 它具有怎样的设计规律? 如何才能制作出一款好玩、有趣的游戏?

这些问题涉及游戏设计的核心命题,需要认真思考和深入发掘。

但是,根据目前的研究成果,游戏设计呈现出较为独立的特性,与小说、绘画、电影等传统媒体比较显现出较大差异,其相关知识之复杂,涉猎范围之广泛,足以构建一门全新、独立的设计学科。因此,培养游戏设计的专门人才已经成为时代的呼唤和命题。

但是,我们也遗憾地看到,限于计算思维在艺术教育中的长期缺位,兼具艺术思维和技术能力的游戏设计人才十分紧缺。许多游戏设计人员从未接受过专业的理论学习和知识积淀,仅凭美术直觉指导设计,导致许多游戏出现思路狭窄、手段局限、创意雷同等不足。即便是某些所谓"反馈较佳"的游戏,有很多也是其他游戏的翻版,还停留在模仿抄袭的阶段。

因此,要想在游戏的核心机制上进行大胆突破和概念创新,不仅需要掌握深入的理论基础和涉猎广泛的人文知识,还要具有严密的逻辑和计算思维。

针对以上课题,在清华大学美术学院"计算机艺术设计课程与教材创新研究"项目的大力支持下,本书历经数载,几经删增,在中国传媒大学多位专家学者和研究生的共同努力下,终于杀青。在此诚挚感谢为本书做出卓越贡献的陈柏君、刘昕宇、周雪莲、张昭懿和赵琨等合作作者!

此外,限于专业水平和写作能力,书中会留有诸多遗憾和不足,望广大读者朋友不吝赐教、大力斧正。

黄　石

2017 年秋于中国传媒大学

目 录

第 1 章
绪 论

1.1 基本概念

哲学家伽达默尔(Hans-Georggadamer)认为：语言不是供我们使用的一种工具或一种作为手段的装置，而是我们赖以生存的要素。从这个意义上说，文字概念不仅是表达思想的媒介，更是人们进行思考的元素。概念的形式决定了人们的认知范畴，也决定了群体的文化态度。因此，对游戏进行恰当的概念界定，是游戏设计和游戏研究的重要基础。

1.1.1 游戏的概念

游戏的概念是游戏设计理论中最基础、最难以厘清的部分。有人甚至认为，游戏是一种无法被严格定义的概念——我们将足球、扑克牌和猜谜统称为游戏，也可以发现它们之间具有内在的相似和联系，却难以定义"游戏"这个概念的真正边界。因此，面对语言的局限性和社会活动的复杂性，学术界对于游戏的定义始终众说纷纭，难以达成共识。

即便在生活中，人们对游戏的描述也经常模棱两可。例如，人们有时会把"游戏软件""游戏道具"和"游戏活动"混为一谈。当人们认为《魔兽世界》是一款多人在线游戏时，是将《魔兽世界》看作为一种实际的"物体"；而人们却不习惯称足球、风筝这些"物体"为游戏。原因在于，《魔兽世界》语境中的"游戏"一词是缩略语，它指代的是"游戏软件"而非"游戏活动"。所以，严格地讲，玩《魔兽世界》这一行为才是本书所定义的游戏。为了厘清概念，本书定义中的游戏是指"打扑克牌""踢足球""下象棋"等活动，不是指"扑克牌""足球""象棋"等具体物体。

综上可见，从词义上看，游戏可被归结为一种行为或一种活动，而非某种可见的实体。

而游戏学家对于游戏的理解更为深入，他们通过对"意志自由度"和"体验目的性"的考察，发现了"玩"与"游戏"、"正式游戏"与"非正式游戏"这几个概念的区别。

首先，"玩(Ludosein)"的概念范围最为广泛，对意志自由度和体验目的性的要求也最低。人们可以说"玩股票""玩吉他""玩艺术"等，生活中的很多活动都可以被称为"玩"，但却不能都被称为"游戏"。玩是一种内心的确信和自我感知的衡量，没有固定的形式和规则，只要玩家自己认为是"玩"，它就是玩。

而"游戏"是指在一定的时间和空间范围内，人们基于自愿而参加的某种无关功利的非严肃活动。这种活动往往伴有愉快、紧张或沉浸的情感体验。这就限定了游戏的体验目的，游戏必须是非功利且具备娱乐性的活动。"赌博""代练"等活动虽然与游戏类似，却不能被称为游戏。

可见，"玩(Play)"与"游戏(Game)"的概念十分接近，但游戏的指代范围略小，如图 1-1

所示。可以粗略地认为,游戏是玩的一种特殊
形式。

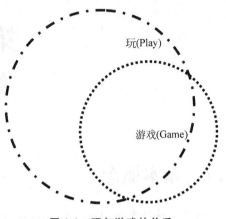

图 1-1   玩与游戏的关系

游戏学家认为,游戏的本质是一系列行为的
规则。人们依据游戏规则的强弱或有无,可以把
游戏细分成更多的种类。例如,儿童的嬉戏打闹
属于无规则游戏;而打扑克牌则属于规则游戏。
游戏学家大卫·帕雷特(David Parlett)也将这两
种类型称为正式游戏和非正式游戏。

相对来说,正式游戏的限制条件较多,它是
一种有规则、有冲突、有量化、有结算的活动;而
非正式游戏没有规则或规则较弱,没有可见的开
始和结尾,也没有胜负和结算。

如表 1-1 所示,正式游戏的定义要素可以从主观、客观两方面进行考量。

表 1-1   正式游戏的主客观条件

主 观 条 件	客 观 条 件
(1) 对某个玩家而言 (2) 在意志高度自由的前提下 (3) 以游戏本身为目的 (4) 在冲突中追求一种正向体验	(1) 在一定的时间空间范围内 (2) 进入一个由规则定义的"魔法圈"内 (3) 能产生量化的结果,有开始和结束,有胜负或 结算

注意,表中的"意志高度自由""以游戏本身为目的""在冲突中追求一种正向体验"这三
个条件是游戏成立的基础和前提。

"意志高度自由"是指玩家能够在游戏中进行自主选择,具有情感自由、意志自由和目的
自由。换句话说,如果玩家是被迫参与游戏的,那么他就无法真正地投入情感,无法真正地
开始"游戏"。

"以游戏本身为目的"是一个主观条件,指玩家进行游戏的主要目的应该是游戏本身,而
不是游戏带来的其他收益。举例来说,"代练"①就不属于游戏行为。假如有两个玩家同时
在玩《魔兽世界》,一个是出于自愿地享受游戏,而另一个则在为他人代练升级。那么从本质
上来说,后者就不属于游戏行为,而应算作为某种经济行为。

而"在冲突中追求一种正向体验"则应该理解为广义的"冲突",这一概念既包括玩家与
对手的斗争,也包括玩家对自我的挑战,甚至包括玩家之间的合作。而"正向体验"则是指玩
家的目的是为了弥补自身的情感需要和心理空缺,追求具有正向价值的体验,诸如自我表
达、自我价值和团队认同。不过,有时候游戏中的"失败""沮丧""焦虑"等情绪虽然是"负向
体验",但却是达到这一目的的过程中不可或缺的环节。

而在设计游戏时,设计师要始终贯彻以上原则,否则有可能在外界的干扰下异化游戏的
本质。一些游戏忽略了"以游戏本身为目的"这个前提,一味地追随市场和盈利,最终往往会

---

① 代练:使用别人的游戏账号进行游戏,使其账号增长等级,在满足委托人的要求后,委托人会支付给代练者一定
酬劳的行为。

演变为"赌博工具"或"赚钱机器",沦为"电子鸦片"和"文化垃圾"。

表 1-2 对游戏的相关概念进行了简单整理。

表 1-2 玩与游戏的概念

游戏	正式游戏（竞玩，Ludus）	对某个玩家而言，在意志高度自由的前提下，在一定的时间空间范围内，以"游戏"本身为目的，进入一个由规则定义的"魔法圈"内，在冲突中追求一种正向体验，并能产生量化结果的非严肃娱乐性行为活动
	非正式游戏（嬉戏，Paidia）	对某个玩家而言，在意志高度自由的前提下，在一定的时间空间范围内，以"游戏"本身为目的，进入一个"魔法圈"内，追求一种正向体验的非严肃娱乐性行为活动
玩		玩家主观对"玩"这一体验的确信

1.1.2　数字游戏的概念

"数字游戏(Digital Game)"是目前广为流行的一种游戏类型，人们平时所说的"电子游戏""网络游戏""手机游戏"都属于此类游戏。简单来说，数字游戏即以数字技术为手段进行设计开发，并以数字化设备为平台实施的游戏。

追溯这一用法，该词可见于 2003 年"数字游戏研究协会（DiGRA，Digital Game Research Association)"的正式擢名。游戏学家 Jesper Juul 在 DiGRA 大会上指出，数字游戏的概念相对于传统游戏具有跨媒介特性和历史发展性等优势；而学者 Espen Arseth 也在《游戏研究》(*Game Studies*)杂志的创刊号上撰文指出，数字游戏的称谓具有兼容性，是许多不同媒介的集合。

目前，数字游戏作为一个专有名词，正在被广泛认可。

数字游戏这一措辞相较电子游戏(Electronic Game)、计算机游戏(Computer Game)、视频游戏(Video Game)或者交互游戏(Interactive Game)而言，更具有延展性和本质性。以下就此进行简单说明。

1. 延展性

数字游戏一词具有一定的延展性，即 Jesper Juul 所称的历史发展性。也就是说，无论游戏发展到何种境地，只要继续采用数字化的手段，就可称之为数字游戏。

而视频游戏的界定则指通过终端屏幕呈现出文字或图像画面的游戏方式，将游戏限定于凭借视频画面进行展示的类别。随着技术的发展，数字化游戏将逐渐超越视频的范畴，朝着更为广阔的现实物理空间和赛博空间(Cyberspace)发展。

同样，计算机游戏一词也将概念限定在一个较小的范畴内，单指计算机平台上的游戏，而例如基于手机、PS2、Xbox、PSP、街机等平台的游戏均具有类似的设计特性和技术手段，但却被划出圈外。

而电子游戏作为通俗的称谓在国内普遍流传。由于历史的机缘，数字游戏引入我国之始正值 20 世纪 80 年代中期，正是电子技术方兴未艾、数字概念尚未萌动的年代。因此，电子游戏一词便一直沿用至今。时至今日，电子游戏更倾向于指代基于传统电子技术下的老式游戏（尤其是西方），而较少用来指代网络游戏、虚拟现实游戏等较新型的游戏。

2．本质性

数字游戏一词可以涵盖计算机游戏、网络游戏、电视游戏、街机游戏、手机游戏等各种基于数字平台的游戏，从本质层面概括了该类游戏的共性。这些游戏虽然彼此面目迥异，但是却有着类似的原理——即在基本层面均采用以信息运算为基础的数字化技术。

基于数字技术的游戏可以从一个平台移植到另一个平台，并维持原作的基本风格和面貌。而且，同一款游戏也往往会同时推出不同平台的版本。例如，2015 年由 CD Projekt RED 开发的《巫师 3：狂猎》(*The Witcher 3：Wild Hunt*)就同时发售了基于 PC、PS4、Xbox One 等多个平台的版本。其剧情、画面、音效、关卡都基本一致。这也从另一个侧面说明了不同类别游戏的本质同一性，即数字化性。

而且，数字游戏相较传统游戏而言，具有网络化、智能化、多媒体、虚拟化等诸多特点，更加丰富多彩，更加易于传播和上手，是目前游戏产业的中流砥柱。

需要指出的是，本书关于游戏的界定只是基于"设计"的需求，通过显著的特征将游戏和其他事物区分描述，仅供广大游戏爱好者、设计者参考使用。目前来看，确定一个界定严谨、可继承发展的游戏概念是一项艰巨而长期的任务。

1.1.3   学术视野下的游戏

历史上，诸多学者都从哲学、生物学、心理学或语言学等不同的学科对游戏进行了深入的研究。这些研究是今天人们研究游戏的重要线索，也是游戏学得以发展的理论基础。下面按照时间的先后顺序一一介绍这些观点。

伊曼努尔·康德(Immanuel Kant)。德国哲学家，古典哲学的创始人，开启了德国唯心主义古典哲学的大门。康德关于游戏的理论被称为**自由论**(或称情感自由论、内在目的论)。他在《判断力批判》一书中阐述了对游戏的理解，认为游戏的对立面是劳动，游戏是发自内心的、自由的活动；劳动是目的之外的、被迫的、不自由的活动。康德对德语语境下的"游戏(Spiel)"的定义是：游戏是游戏者发自内心的、情感自由的活动(德语 Spiel 的含义是非常广泛的，包含了戏玩、竞技、娱乐、赌博、娱乐等)。人们可以将这种"情感自由"提炼出来作为游戏的概念要素。

弗雷德里希·席勒(Friedrich Schiller)。18 世纪德国著名诗人、哲学家。席勒的游戏论建立在康德的自由论的基础上，在《美育书简》中进行了阐述。席勒认为，人只有在游戏时才是完全真正的人。而他所说的"游戏"当然也是在德语的语义环境下提出来的，席勒将生命体的游戏分为两种[①]，一种是无理性生物的自然游戏；另一种是兼具感性与理性的人类的审美游戏。自然游戏是在不受物质需求压迫的意义上的具有一定自由性的活动。审美游戏是兼具感性和理性的具有审美自由的活动。这种感性与理性相结合的方式也被称为**内在和谐论**。席勒所提到的自然游戏指动物的游戏，而审美游戏才是在人类社会中讨论的游戏。虽然说在德语"游戏"过于宽泛的语境以及席勒过于形而上学的理论背景下，审美游戏的概念显得过于抽象，但其实所谓感性与理性的结合可以理解为魔法圈理论，玩家在魔法圈内游戏的行为就是理性与感性相结合的产物，理性知道这是虚伪的、不存在的、带有欺骗性的行

[①]   李瑞森.游戏专业概论.北京：清华大学出版社.2010.1.

为,但是是安全的,是不违反道德的,因此感性地体验这一行为,使两者达到一种内在的和谐,即感性体验的基础是理性分析。

赫伯特·斯宾塞(Herbert Spence)。英国哲学家,他的游戏理论是建立在**剩余精力说**[①]基础上的,认为游戏是人类发泄体内剩余精力的一种方式,游戏本身就是游戏的目的。

西格蒙德·弗洛伊德(Sigmund Freud,1856—1939)。奥地利心理学家,精神分析学派的创始人,他认为游戏是人借助想象满足自身愿望的虚拟活动[②],弗洛伊德的游戏论也被称为虚拟游戏论或**现实替代论**。他对游戏的定义简单来说即游戏的对立面是现实。很显然,这个定义过于宽泛,这个定义对于游戏心理学显然更为重要。但弗洛伊德提到的"满足自身愿望"可以归结到游戏目的的层面,但游戏不能是为了满足"自身的所有愿望",只有以游戏本身为目的的愿望实现为体验的动力才能称之为游戏,否则,游戏就会变成完全主观化、无法认识的事物了。

卡尔·谷鲁斯(Karl Groos)。德国生物学家,他认为游戏的目的是为以后的生活做准备的一类活动,像小猫玩毛线球、小猩猩造窝等。

约翰·胡伊青加(Johan Huizinga,也译作赫伊津哈)。荷兰语言学家,也被称为游戏学的开山鼻祖,他的游戏论被称为**现象综合论**,在 *Homo Ludens*[③] 一书中得到了解释,他是这样定义游戏的:游戏是在某一固定时空中进行的自愿活动或事业,依照自觉接受并完全遵从的规则,有其自身的目标,并伴以紧张、愉悦的感受和有别于平常生活的意识。胡伊青加对游戏的定义是比较成熟的,从中人们可以提炼出时间空间、意志自由、规则约束、情感体验、不同寻常,另外他还在书中提到不严肃、与物质利益无关、游戏人与他人无缘等关键词,其中,不同寻常就是魔法圈理论的雏形。

路德维希·维特根斯坦(Ludwig Wittgenstein)。奥地利语言哲学家,早期曾受罗素的逻辑经验主义的影响,之后坚持实证主义哲学,他始终认为认识不能超越于经验之外。他对游戏概念的定义方法也被称为家族相似性或**家族相似论**。认为规则是不能定义概念的,因为它无法表述该类物体的共同特征,只能抓住一些要素,而这时就不得不放弃另外一些。因此要想真正表述某个概念,只能用家族相似性的方法进行理解,即表述成"像踢足球、玩魔兽、下棋这类的行为被称为游戏"。

维特根斯坦的理论总体来说是消极的,即不表述是最好的表述,当然他的理论是正确的,但实用价值不强。不过,维特根斯坦的理论给学者们一个启示,要想表述游戏的概念,就要考虑到游戏的大家族,提取出它们最基本的共性。同时,维特根斯坦的理论对人们的思维方式有极大的帮助,这是种类推推理与归纳推理相结合的逻辑思维方式,其实在理论研究中是常用的思维方式。

汉斯-格奥尔格·伽达默尔(Hans-Georg Gadamer)。德国哲学家,伽达默尔的游戏论被称为融合论,按照他的分析,游戏之所以吸引玩家是因为游戏者在游戏过程中得到了自我表现和自我表演,游戏需要观众,这样游戏活动才能形成一个完整的游戏链。[④]

---

①　剩余精力说的代表人物是德国的席勒和英国的斯宾塞。

②　弗洛伊德.论创造力与无意识.孙恺祥译.北京:中国展望出版社.1986.4.

③　1996 年中国美术出版社将其翻译为《游戏的人》;1998 年贵州人民出版社将其翻译为《人:游戏者》。

④　伽达默尔.真理与方法.洪汉鼎译.上海:上海译文出版社.2004.

罗杰·凯洛斯(Roger Caillois)。法国社会学家,他的游戏理论是建立在胡伊青加的现象综合论的基础之上的。卡伊瓦在其著作《人,玩与游戏》中将游戏分为四类[①]:竞争、机会、模拟、眩晕。竞争就是玩家平等地参加斗争,而斗争的规则是双方事先都要知道的竞争内容与规则;机会是无关玩家能力的因素,完全取决于运气;模拟是玩家改变自身的游戏,在游戏时已认定自己为游戏中的人;眩晕指追求眩晕效果,以产生恐慌、刺激情绪为目的的游戏。

萨顿·史密斯(Sutton Smith)认为,游戏有其专有的语言,同美术、舞蹈、音乐一样,他对游戏的研究是跨学科的,在其和埃夫顿(Avedon)的著作《游戏学研究》(*The Study of Games*)中,他给游戏作出了如下定义。

游戏是一种玩家自愿参与的具有控制系统的实践,在这一活动中各种势力进行竞争并接受规则的限制,产生一个不同于平衡状态的结果。[②]

这个定义是简洁、有效而有实用价值的定义,当然也不是所有游戏都能使用这个定义。萨顿·史密斯在此定义的基础上又针对儿童游戏活动提出四种分类:Imitative Play(模仿游戏,儿童从出生到 4 岁之间进行的不同复杂程度的模仿活动)、Exploratory Play(探索游戏)、Testing Play(尝试游戏)、Model Building Play(造型游戏,像搭积木、绘画等复杂行为)。

大卫·帕雷特(David Parlett)。游戏史学家,他将游戏分为两方面进行表述——正式游戏与非正式游戏,比如小孩或动物之间的打闹或两人之间的嬉戏都可以称作非正式游戏,而对正式游戏则进行严格定义[③]:有明确的目标,且只有一个或一组能够达成目标获得胜利,目标达成后游戏结束,参与游戏的人必须共同承担规则的限制以达成目标获得胜利。

克拉克·C.阿伯特(Clark C. Abt)的著作是《严肃游戏》(*Serious Games*),他对游戏的定义更加侧重于玩家。阿伯特在书中对游戏作出了如下定义。

游戏是一种由一个或多个独立的决策者在某些限制下竞争并尝试达到目标的特殊活动。[④]

这个定义最终能提炼出活动、规则、竞争、目标四个关键词,但目标能否作为定义游戏的关键因素,在学界还有很大的争议。

沃尔夫冈·克莱默(Wolfgang Kramer)。德国游戏设计师兼程序员,1989 年开始投入桌面游戏的开发,作品有游戏《庄园》《巫婆的佳酿》等。他对游戏进行了四个方面的限定:首先,有规则和道具;其次是目标和取胜条件的描述;然后,进程结果的不确定性,这是游戏与小说、电影等艺术作品相比最大的区别;最后,必须有竞争,并且竞争的结果能得到量化。克莱默对游戏提出了目标、规则、变化性和竞争四个要素,显然这些要素描述他所研究的卡牌游戏是没有问题的,但对于整个游戏而言,"规则、变化、竞争"显得过于狭窄,规则并不是所有游戏的共性,非正式游戏是没有规则的;同样,竞争也应进行进一步说明,即应当将"合作"也作为一种广义的竞争;"结果的变化性"同样也不是放之四海而皆准的定理,比如《使命召唤》系列游戏,剧情都是已经设定好的,玩多少次的结果都是一样的。因此,克莱默的定义

① Roger Caillois. *Man Play and Game*[M]. Translated from French by Meyer Barash. Champaign: University of Illinois Press. 2001: 9-10.

② Avedon E, Sutton-Smith B. *The Study of Games*[M]. New York: John Wiley & Sons: 1971: 405.

③ Parlett D. *The Oxford History of Board Games*[M]. New York: Oxford University Press. 1999: 3.

④ Abt C C. *Serious Games*[M]. New York: Viking Press, 1970: 6.

应当描述的是一种特殊的规则游戏或者是如帕雷特所言的正式游戏。

伯纳德·休茨(Bernard Suits)。德国哲学家,他在其著作的《蝗虫:游戏,生活与乌托邦》(Grasshopper:Games,Life,and Utopia)一书中对"游戏"一词进行了如下描述。

玩游戏即参加一个将要带来特定情态的活动,并只能采用规则许可的方式进行。而规则会倾向于某种低效率的方式,但这种规则却可以被玩家接受——因为正是它使得游戏成为可能。他又进一步解释道,或者可以直接表述为玩游戏就是自愿克服不必要的障碍。[①]

休茨的表述可以总结为自愿、活动、目标、规则、低效。其中,低效理论的意义往往在于降低游戏活动的效率以增加难度,这也正是数字游戏设计过程中的常规技巧的理论基础。另外,他还提出了一个描述玩家心理状态的术语——游戏态度(Lusory Attitude),是玩家所特有的一种精神状态,玩家承担规则带来的低效和不适,其目的是为了获得更大的乐趣。

杰斯珀·朱尔(Jesper Juul)。知名游戏学家、英国学院派游戏设计师,他在《游戏、玩家、世界:对游戏本身的探讨》一文中提到游戏时是如下定义的。

游戏是一个以规则为基础形式的系统,具有可变化的量化结果,且不同的量化结果被分配了不同的价值,被积极结果吸引的玩家会尽力争取这一结果。

杰斯珀·朱尔首次在定义游戏时加入了量化结果这一要素,从某种意义上来说,这是继胡伊青加之后在游戏理论学界具有里程碑意义的定义。另外,杰斯珀·朱尔在 2003 年的 DiGRA 中使用了数字游戏(Digital Game)这一概念,这也是数字游戏的正式擢名。

克里斯·克劳福德(Chris Crawford)。游戏设计界元老,其著作的 The Art of Computer Game Design 被学界奉为经典。他在书中并没有直接定义,而是通过对游戏特征的表述定义游戏:表现性、交互性、冲突性、安全性。[②]

安全性作为游戏要素首次被使用,生活中的冲突都是有危险性的,与之相对的,在游戏中的冲突无论多么激烈都不会有现实的危险。因此,游戏是能够发挥寻求冲突的刺激而又不会发生危险的活动。

席德·梅尔(Sid Meier)。游戏制作大师,是 Microprose 公司和 Firaxis 公司的创始人之一,《文明》系列游戏、《铁路大亨》和《盟军司令》的设计者,曾被吉尼斯世界纪录评为世界上获奖最多的游戏制作人。他对游戏的理解是:游戏是一系列有意义的选择。显然,席德·梅尔对游戏的定义偏向于游戏结果的不确定性和交互性。

安内斯·亚当斯(Ernest Adams)和**安德鲁·罗琳斯**(Andrew Rollings)。亚当斯与罗琳斯共同创作了《亚当斯与罗琳斯论游戏艺术设计》(Ernest Adams and Andrew Rollings on Game Design)。他们在书中提到了对游戏的定义如下。

游戏是在仿真环境中一个或多个有因果关系的系列性挑战。

不难看出,这是对数字游戏的定义,可从中提炼出虚拟现实、挑战性、不确定性三个因素。

凯特·萨伦(Katie Salen)和**埃里克·泽默尔曼**(Eric Zimmerman)。两位美国游戏学家,他们在《游戏规则:游戏设计基础》(Rule of Play:Game Design Fundamentals)一书中对游戏作出了如下定义。

①　Suit B. *Grasshopper:Game,Life,and Utopia*[M]. New York:Broadview Press,2006:34-41.

②　Chris Crawford. *The Art of Computer Game Design*.[M]. Berkeley:McGraw-Hill Osborne Media,1984.

游戏是一个系统,在这个系统中,玩家介入一个由规则所定义的人为冲突,并产生可计量的结果。

从这一论断中可以总结归纳出系统性、规则性、冲突化、量化结果四个概念。因此该定义所描述的对象是规则游戏或正式游戏。

格雷格·柯斯特恩(Greg Costikyan)。美国知名游戏设计师、作家,游戏《星球大战》的设计者,他在《我无话可说,我必须设计》(*I Have No Words and I Must Design*)一文中对游戏提出如下定义。

游戏是一种艺术形式,在游戏中,参与者被称为玩家,做出决定,通过管理游戏的象征性资源达到一个目标。

格雷格深受电子游戏艺术设计理念的影响,为游戏贴上了艺术的标签。游戏的确有类似于文化艺术的属性,或者说有一部分游戏凭借其独特的设计理念和艺术风格是可以进入艺术的范畴的,就如同电影是艺术但也不是所有电影都是艺术,或者说只有少部分是而已。

抛开游戏的艺术性的问题不谈,这一论述包括艺术形式、决策、资源掌握、目标四个关键因素。

总体来看,在学界,游戏的定义随着数字游戏成为主流慢慢由普适的概念向具化、细化发展。对游戏的探讨从游戏具体到了规则化的正式游戏。这也说明,游戏学科本身的自觉性及发展思路逐渐清晰。

出于研究必要性的考量,本书所涉及的游戏均是可被设计的游戏,是狭义上的游戏,即正式游戏。

正式游戏对某些玩家而言,在意志高度自由的前提下,在一定的时间和空间范围内,以游戏本身为目的,进入一个由规则定义的"魔法圈"内,在冲突中追求一种正向体验,并产生量化结果的非严肃性行为活动。

1.2　游戏团队

游戏作为一种融合了艺术、音乐、交互、文学的综合性软件,开发的难度往往大于普通软件,一款优秀的游戏更离不开一个优秀且分工明确的团队。以一款商业数字游戏为例,它的团队通常包括 6 类,如图 1-2 所示,有些可以身兼数职,但都是必不可少的。

1.2.1　游戏策划

游戏策划也称为游戏设计师(Game Designer),是团队中的核心成员,其和美术师、程序员同样重要,是一款游戏成功的关键。

一般来说,游戏策划可分为多个岗位,包括主策划、关卡策划、数值策划、剧情策划、系统策划与脚本策划等。

主策划(Design Supervisor)也被称为高级设计师、首席策划师(Lead Designer),是整个游戏项目的灵魂,

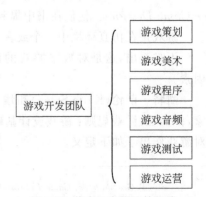

图 1-2　游戏开发团队的组成

不仅要做好团队的领导者和管理人,还要清楚地知道游戏的核心机制和最终体现,制作出游戏基本的框架和底层规则,了解团队队员的特点和能力,充分发挥每个人的优势,保证各个部门相互配合、信息互达,保持团队充沛的活力。目前,作为一个资深的游戏策划,首先要有充分的项目经验(至少 3 年以上),需要具备全面的游戏设计能力。因此,刚刚入行的游戏从业者在团队中往往是不能担任主策划的。

关卡策划(Lever Designer)又被称为关卡设计师,是 20 世纪 90 年代随着三维射击游戏的流行而产生的职业,之前的二维游戏中也有相关的工作,只是比较简单,工作量也不大,一般由游戏美术师或编程人员兼职。到了三维游戏时代,游戏设计的复杂度和工作量骤然提升,关卡设计师也从其他工作中被独立出来。关卡设计师是整个游戏的创构者,需要具备一定的美术基础以及建筑学、环境艺术学的知识背景,能够灵活运用游戏引擎,构建游戏中的游戏场景,这个过程需要整合所有的游戏资源,包括美术资源、音乐资源和故事剧情等。

数值策划(Numerical Systems Designer)也被称为游戏平衡性设计师。一款游戏的平衡性是游戏性的基础,这种平衡性一旦被打破,将会造成大量玩家的流失,导致游戏的失败。数值策划师负责游戏中各种数值的平衡性设定和管理,因此需要具有严密的逻辑思维能力和一定的数学建模能力,并且能够统筹全局。通常与系统策划师的配合较为密切,能够运用表格处理软件(如 Excel)设计和平衡游戏中的各种数据,如角色的 HP 与 MP、武器的伤害值、玩家的等级成长数值、战斗伤害公式等。

剧情策划(Writer)又被称为剧情文案设计师,在国外被直接称为 Writer。不同的游戏类型对剧情的要求也不同,RPG 游戏对剧情的要求要明显高于格斗游戏、竞速游戏等。剧情策划负责游戏的故事背景、游戏发展进程以及人物对白的设定。良好的剧情策划需要具备文学的相关知识,有良好的文案写作能力,擅长故事撰写,充满想象力。

系统策划(Systems Designer)也被称为游戏规则设计师。一款游戏是由若干系统组成的,如经济系统、战斗系统、聊天系统、等级系统等。系统策划的工作就是根据游戏的具体特点和类型制定各个系统的详细规则,与数值策划的工作紧密相连,一个游戏项目如果没有数值策划,则通常会由系统策划兼任。

1.2.2　游戏美术

在游戏中,凡是人们能看到的都是游戏美术的工作范畴,如果说游戏策划是一款游戏的"灵魂",那么游戏美术就是一款游戏的"外貌"了。游戏美术水平的高低直接决定了游戏产品的最终呈现。要成为一名优秀的游戏美术人员,扎实的美术基础是必不可少的。游戏美术根据职能的不同又分为游戏原画师、UI 设计师、3D 模型师、动画设计师、特效设计师。其中,二维游戏制作是不需要 3D 模型师的。这些工作岗位之间需要紧密有序的配合,以 3D 游戏项目为例,游戏美术岗位的具体关系如图 1-3 所示。

美术总监(Art Director)是游戏美术方面的总负责人,除了要具备深厚的艺术功底之外,还要具备相当的行政管理能力,对整个游戏美术工作面向主策划负责。工作内容包括两大部分,在行政管理上要负责美术人员的工作分配、人事管理、奖惩管理等;在游戏美术内容上要决定整个游戏的品质标准和比例规格,甚至是游戏风格,有时还会兼任首席美术设计师的工作。

首席美术设计师(Chief Art Designer)也就是人们常说的"主美",与美术总监相比,主

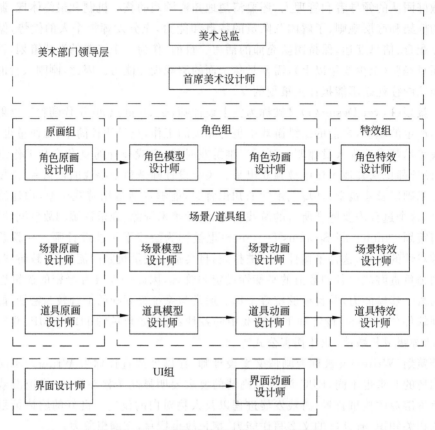

图 1-3　三维游戏的美术分工与一般流程

美的工作没有行政方面的内容,只需要配合美术总监的要求,把握和监督整个游戏美术方面工作的质量和进度。很多小型公司会将主美与美术总监合二为一,因为他们的工作有很多重合的部分。

原画设计师(Concept Artist)也被称为概念设计师,主要负责将策划中的人物、场景的文字设定转化为图形,需要具备扎实的美术功底,尤其是手绘能力。具体又分为概念原画设计师、角色原画设计师、场景原画设计师和道具原画设计师。概念原画设计师通过粗糙的线条和色块表述文字的内容,通常要针对一个设定做出多款概念画,然后由主美或美术总监决定使用哪套方案。决定之后交由美术原画师制作具体的人物和场景,即所谓的角色设定与场景设定。角色设定要有正、侧、背的三视图,场景设定要有一定的透视感和比例关系,并配有顶视图。

3D 模型设计师(3D Modelers)主要负责通过 3D 模型软件(如 3ds Max、Maya、Cinema4D、Softimage 等)制作游戏中的人物、场景、道具等的 3D 模型,要有扎实的美术基础和空间造型能力。一般来说,3D 模型师只需要制作静态网格物体,拆分并绘制 UV 即可。如果是一个庞大的游戏项目,那么 3D 模型师又需要被分为 3D 角色模型师、3D 场景模型师与 3D 道具模型师三类。

动画设计师(Animator)可以被分为 2D 动画设计师和 3D 动画设计师,主要负责游戏中各种动画的制作。对于 3D 动画设计师而言,3D 模型设计师制作完成静态模型后,由 3D 动画设计师对模型进行骨骼绑定。游戏中的片头或完整的过场动画有很多是外包到专业的动画公司进行制作的,而游戏公司内的动画师制作仅包括游戏中的 PC 和 NPC 的规定套路的动作。通过各种套路动画的组合衔接而形成一个动态的游戏人物,如人物走路、跑步、静态、跳跃、施法等动作,然后通过游戏编程,玩家才能够实现与游戏角色的互动。相应地,一些场景和道具也包含动画,这些动画也是由动画设计师完成的。

游戏特效设计师(FX Artist)是游戏中刀光剑影、魔法特效、火焰雷电、烟火弥漫等令人眼花缭乱的场景的创造者。特效设计通常需要特殊的软件或编辑器,不仅要掌握三维制作软件,还要对粒子系统有比较深入的理解。

界面设计师(User Interface Artist)也被称为 UI 设计师,负责游戏界面的设计,如游戏中的各类菜单、弹窗、表格等。

1.2.3 游戏程序

游戏程序直接决定着游戏的交互效果,被称为游戏的"骨骼",没有程序作为支撑,美术与策划都是空谈,由此可见游戏程序设计师的重要性。游戏程序设计师专注于游戏软件的编程工作,熟练掌握编程语言是入门的基础。此外,游戏程序设计还需要大量数学和物理学的计算,因此也需要掌握相应的学科知识。同游戏策划和美术一样,游戏编程也是一个庞大的工程,需要有具体的分工,每种分工下的职位要求各不相同。

游戏技术总监(Technical Director)。很多大型游戏开发公司都设有这一职位,统领整个项目的游戏技术模块的开发设计,负责该部门人员的行政管理工作和游戏编程工作,同时还要对相应人员进行培训和指导,需要具备良好的沟通能力和语言表达能力,有项目开发经验,能够协调团队,把握游戏程序设计工作的进度和质量。

首席程序设计师(Chief Programmer)也被称为"主程",是游戏程序团队的主心骨和精神领袖,负责搭建整个游戏的程序框架,有丰富的游戏引擎开发经验,对整个游戏的程序框架有十足的把握,当公司不设立技术总监时,主程还要担任程序团队的管理工作。

游戏引擎程序员(Engine Programmer)。游戏引擎是将所有游戏元素整合在一起的工具。总体来说分为两类,一类是由游戏公司完全自主开发的游戏引擎;另一类是其他公司开发的商业游戏引擎。现阶段,市场中主流的商业游戏引擎有 Unreal Engine、Cocos-2dx、Unity3D 等,这些商业引擎已经发展得较为成熟,程序员可以借助这些引擎更有效率地开发游戏。还有一类开源的游戏引擎,程序员可以直接对代码进行修改,由此开发自己的游戏项目,甚至开发新的游戏引擎。

客户端开发程序员(Client Programmer)做的是较为宽泛的一类工作,具体又可分为系统程序员(System Programmer)、数据库程序员(Database Programmer)、人工智能程序员(AI Programmer)、物理程序员(Physics Programmer)等,需要熟悉面向对象的程序设计、API 开发、OpenGL 或 Direct3D 图形开发等。客户端程序开发通常是在游戏引擎中完成的,程序员需要与游戏美术师、关卡设计师、特效美术师等共同在游戏引擎平台上合作。

服务器端开发程序员(Network Programmer)是针对网络游戏开发的岗位,游戏服务器程序员要求熟悉网络通信原理,精通 Socket 网络编程,善于优化服务器算法,使每台服务器尽可能多地负荷大量玩家,并能够抵御黑客、外挂等不良用户的侵入。

游戏工具开发程序员(Tools Programmer)负责提供游戏开发过程中需要的工具,如地图编辑器、角色编辑器、声音混合编辑器、格式转换工具等,这些小工具往往能够事半功倍,加快开发的进度。

1.2.4　游戏音频

游戏中的音频包括语音、音效和音乐,游戏中的音效和语音可以增强游戏的沉浸效果,游戏音乐也是游戏不可缺少的一部分。游戏音频的制作专业性很强,需要专业的作曲、音效设计师和配音演员,并且音频处理设备也极其昂贵,因此,很多游戏公司都将游戏音频制作的工作外包出去。

游戏语音是游戏中人物所发出的声音,这些声音一般是由专业的配音演员在录音棚录制的,可以很好地增强现实感,录制的音频文件通常由专业的编辑和合成软件进行制作,并通过控制程序在合适的时间和情节进行播放。

游戏音效同语音一样,在游戏中也是非常重要的,如汽车的鸣笛声、风声、雨声、打斗时刀剑的碰撞声、走路声等,这些音效只有与游戏场景、故事完美地配合在一起,才能真正地让玩家沉浸其中。

游戏音乐通常都需要外包到专业的音乐公司,游戏的背景音乐是控制游戏节奏的重要手段,往往能够让一款游戏锦上添花。

1.2.5　游戏测试

游戏测试也被称为游戏质保(简称 QA),在游戏开发过程中参与游戏体验,不断改进游戏。游戏测试一般分为两类,一类是游戏技术测试,主要工作是测试游戏的 bug,从程序上解决这些问题;另一类游戏测试员专注于游戏本身的可玩性、平衡性、沉浸度等,给游戏开发人员提出建议。很多大型游戏公司配有专门的游戏测试人员,而小型公司仅靠公司的内部人员试玩。

1.2.6　游戏运营

一个良好的游戏团队,只有优秀的开发技术和设计人员是不够的,还需要有一个专业的运营团队,很多游戏公司需要找专门的游戏运营公司运营,例如腾讯、盛大等都以运营游戏为主。游戏运营在游戏公司中被称为市场部或营销部,专门负责销售、宣传公司的游戏产品。这些部门需要为研发部门提供市场数据、竞争对手数据、消费者心理等资料,及时反馈市场对公司产品的反应,帮助研发部门及时优化产品。

参与游戏运营的人必须要有专业的经济学学科背景,对电子软件产品的市场营销在理论和实践上都有丰富的经验,能针对公司的游戏产品,结合市场现状制定出良好的销售方案,将其成功地推向市场。

1.3　游戏产业

电子游戏已经诞生 40 余年,经过飞速发展,以电子游戏为代表的数字娱乐已成为当代主流的娱乐方式,游戏行业也以惊人的速度在全球蓬勃地发展起来。游戏同动漫、影视、文学一样,属于文化艺术产业,虽然起步较晚,但其发展速度却十分惊人。美国作为世界游戏市场的领头羊,在内容和技术方面均具有较大的优势。与此同时,中国也以其独有的姿态进入了世界游戏产业的舞台,并逐渐成为焦点。

游戏产业链由四大部分构成,分别是游戏开发设计商、游戏运营商、游戏通信服务平台以及游戏衍生行业。宏观来看,游戏产业链不仅包含这四大主体,也同动漫产业链、影视产业链等交叉混合形成一张更大的产业网。

1.3.1　游戏产业链

与单机游戏相比,网络游戏行业的分工合作更为复杂。一款成功的网络游戏能够上市并取得成功,不仅需要一个成熟优秀的游戏开发商,同时也离不开运营商、电信商和衍生产品设计生产商的配合和支持。有些公司采用一体化经营模式,同时拥有游戏开发团队和运营团队,甚至拥有自己的衍生品生产厂家。腾讯、盛大、网易等国内知名游戏公司都采用了一体化运营模式。

游戏开发商是专门开发数字游戏产品的公司,公司内往往拥有多个研发团队,并且大型游戏开发公司还会凭借自己强大的资金优势不断收购或投资小公司,扩张自己的势力。游戏开发商所采用的盈利模式大致有以下三种。第一种模式为版税金预付模式,即开发商接受运营商的委托,运营商投资给发行商,等产品完成之后获得 20%～60% 的利润。在开发过程中,运营商会派专门的项目经理到游戏开发公司监督游戏的开发过程,并分期向开发公司注资,如果对开发效果不满意,那么运营商会随时撤资或提出降低开发商分成比的要求。第二种模式为由开发商将开发好的游戏成品直接卖给游戏运营公司,这种模式获利较少,但好处是可以马上获得利润,进行下一个项目的开发,资金运转速度较快。第三种模式在行业中较为普遍,即由开发商利用游戏商业模型招标,与运营商合作,共同融资开发,获利后按比例分配。任天堂、育碧、动视暴雪、电艺是国际上排名前四的游戏开发商,国内的盛大、网易、腾讯、金山、巨人网络等旗下的开发公司也代表着国内游戏开发的领先水平。

游戏运营商不仅要为游戏进行推广宣传,还要搜集市场数据和客户数据,并及时反馈给开发商进行优化。另外,为游戏玩家提供优质的客户服务和进行网络游戏的在线宣传等也是和游戏销售有关的工作。例如网易代理运营的《魔兽世界》和《星际争霸》,盛大代理运营的《热血传奇》《永恒之塔》《龙之谷》,腾讯代理运营的《穿越火线》《剑灵》《英雄联盟》等。这些公司除了代理国外的游戏外,也开发和运营自己的游戏,在代理过程中如果国内市场反应良好,那么他们可能会直接收购该游戏甚至该游戏开发公司。

电信服务商为游戏玩家和游戏运营商提供基础的网络服务。网络游戏的盛行,尤其是火爆的手机游戏市场,为电信服务行业带来了丰厚的利润。网络通信技术也使联网功能成为当今数字游戏发展的必然趋势,电信运营商与游戏行业的结合也促进了宽带技术的不断突破与成熟。

游戏衍生行业也被称为游戏周边行业。周边行业的利润有可能比游戏本身更高,其影响力渗透到了人们生活的方方面面。游戏周边产品包括图书、玩具、服装、音乐、文具等。例如人们身边常见的刺客信条的 T 恤、马里奥的茶杯、穿越火线的鼠标垫等都是这一行业的产品。与日本、美国相对成熟的游戏周边市场相比,国内的游戏周边市场还存在诸多不足,如缺少成功游戏 IP、著作权保护不力、缺乏完善的运营机制等。当然,从投资环境和市场潜力来说,这也意味着国内的游戏周边市场有着非常广阔的前景。

1.3.2　世界游戏产业

全球游戏产业令人瞩目。目前,北美、日本、韩国等发达国家占据了全球市场的相当份额。北美游戏市场以先进技术和资本投资为特征,日本则依靠国内成熟的动漫氛围和人才培养机制自成体系,而韩国游戏产业的崛起则源于政府的全力支持。

北美在全球游戏市场的主导地位毋庸置疑,其科技发达、生产力水平高,人们有更充足的经济实力和时间进行娱乐消费。北美游戏市场以主机游戏为主流,如微软的 Xbox 系列,其陆续推出了 Xbox360、Xbox One 等一系列机型,销售终端遍布各个城市。另外,基于 PC端的游戏也占据着北美相当大的市场份额。总体来说,北美游戏市场已近乎饱和并趋于稳定,因此,北美游戏公司开始着力拓展国际市场,尤其以中国等新兴经济体为主。

对日本来说,游戏是传统的文化娱乐产业,是国家经济的支柱产业之一。日本的游戏产业在 1998 年前后曾占据世界游戏市场的 90%。现如今,任天堂的 Wii、索尼的 PS 以及微软的 Xbox 三足鼎立,成为世界三大游戏主机。同时,像卡普空、光荣、任天堂等游戏公司的实力也位居世界前列。值得注意的是,日本与其他国家相比,其游戏行业有相当一部分与动漫文化结合紧密,形成了二次元文化与游戏文化水乳相融的特点。日本的游戏内容与动漫市场相辅相成,占据了相当大的国内市场份额,同时在各个国家都有数量众多的粉丝。不过,日本动漫由于过度商业化,导致部分产品抄袭严重、品质下滑,行业发展遇到了暂时的瓶颈。

韩国游戏可谓是后起之秀,在政府的保驾护航下,其发展势如破竹。韩国政府为游戏产业制定了相应的法律法规,并为游戏产品的出口创造了各种优惠政策。目前,韩国游戏的最大出口国是中国,中国玩家熟悉的《传奇》《奇迹 MU》《龙之谷》《永恒之塔》都是由韩国游戏公司开发的。韩国政府的支持不是强制的、干预性的支持,而是在充分尊重游戏本身独创性的基础上的鼓励。韩国游戏产业振兴院作为政府机构专职扶持游戏产业;韩国文化观光部组建的韩国游戏支援中心专门给游戏企业提供资金和技术支持;此外还有专为游戏公司提供长期低息贷款的游戏投资联盟;以及专门培养游戏设计人才的游戏研究所。不过,韩国游戏产业的弊端也很明显,其产品同质化严重,被玩家戏称为"泡菜网游"。

北欧的游戏产业则以移动游戏最为瞩目。人们熟知的 Supercell、Rovio、King 等手机游戏公司均位于北欧。北欧国家气候恶劣、多雪荒凉,在这种环境下,北欧地区的人们意识到出色的工具和高效率是成功的关键。因此,北欧游戏公司十分注重实效,具备极高的执行能力。现在,北欧已经成为全球游戏产业的重要基地,如芬兰 Supercell 公司旗下出品的《部落冲突》《卡通农场》《海岛奇兵》和《皇室战争》等热门游戏,而 Rovio 公司更是以《疯狂的小鸟》为世界所瞩目。此外,DICE、Mojang 等公司也十分抢眼,出品了《镜之边缘》《战地》《我的世界》等优秀作品。较高的从业者素质和精益求精的创作态度成为北欧游戏成功的不二法门。

我国的游戏产业相比其他国家而言起步较晚。从代理国外游戏到自主开发,中国游戏产业经历了长期的探索和阵痛。在面临盗版问题和玩家消费习惯的制约时,中国游戏公司开拓出了一条崭新而独特商业模式——道具收费模式。这一创举使中国游戏环境出现了新的生机,大小游戏公司蓬勃发展,制造了一批像《梦幻西游》《征途》《天骄》《赤壁》等优秀的国产网络游戏。不过,道具收费会影响游戏的平衡性和公正性,因此也广受玩家诟病。此外,中国游戏产业也面临许多挑战,如游戏风格单一,几乎为清一色的仙侠、奇幻与古风,缺少机制层面的根本创新,山寨投机现象较为严重。总体来看,中国游戏产业产值巨大,机遇与挑战并存。

1.3.3　游戏开发流程

　　一款游戏的生产通常要经历提案立项、产品设计、创作实现、评测和发布等多个阶段,生产周期根据游戏项目的规模而各异,例如,有些小游戏的开发几天就能完成,而一些 3A 级的游戏大作往往要耗时几年的时间。

　　提案立项阶段是游戏开发的第一个阶段,提案人向公司提交一份有关项目可行性的游戏概念设计文档,说明要制作一款什么样的游戏,说明游戏类型、游戏风格、游戏平台、目标玩家、开发周期、人员安排、游戏特色、盈利模式、成本投入、资金回报、市场前景等。之后,公司会组织市场部、美术部、程序部、策划部的人员参与讨论,评测该策划书是否具有可行性,项目可行性报告通过之后,游戏项目便可以正式启动。一般来说,提案人可能会成为游戏项目的总策划或者项目总监,对整个游戏项目负责,也被称为游戏制作人。

　　产品设计阶段是将游戏概念设计具体细化的过程,最终形成一份完整的、可操作的游戏策划书。游戏策划要根据概念文档设计出相应的游戏关卡、游戏系统、游戏人物、游戏数值、游戏道具等。美术人员则要根据策划部的文案设计出游戏的人物造型、场景、道具和相应的特效;游戏程序部要根据策划文档着手设计游戏引擎或者选择市场上已有的合适的引擎;而市场部则要进行市场调研,密切关注此类游戏的市场动态,及时向开发团队反馈市场消息和玩家信息。

　　创作实现阶段是将策划方案变成游戏软件的阶段。这个阶段通常占游戏开发周期的70%左右,游戏创作分为前后期两个阶段,前期的主要目标是根据之前的策划设计制作一个简易的 Demo,即游戏试玩样品。这个 Demo 不仅可以给后期的开发提供样板和标准,还能给开发成员们带来阶段性的成就感,对一些团队来说,还可以拿这个 Demo 融资,所以前期设计游戏 Demo 是非常重要的。研发后期要对游戏内容进行补充和完善,并制作出最终的游戏 Alpha 测试版,在完成 Alpha 测试后解决主要 bug。

　　评测阶段是 Beta 测试阶段,在这个阶段,游戏已无致命 bug,并不需要再向其中添加大量内容,此阶段工作的重点就是对游戏产品进行进一步的完善和整合,时间相对较短。Alpha 测试和 Beta 测试被统称为技术封测,如果是单机游戏,则可以直接发售,网络游戏则需要进入下一个测试阶段——内测。所谓内测,就是向社会招募一定数量的玩家进行在线测试,检测服务器、游戏系统等并结合玩家的体验反馈进行进一步的修改和更新。

　　发布阶段。对很多网络游戏来说,游戏内测时就已经进入了发布阶段。一些游戏运营公司甚至将游戏内测作为一种营销手段,将内测时间拉长至一年甚至更长,目的是吸引玩家的眼球,抓住玩家的好奇心,使之持续保持对游戏的关注。腾讯代理的《剑灵》《使命召唤OL》《怪物猎人》等均采用了这种方法。当内测结束后,所有玩家都可以注册账号进行游戏,这时游戏就进入了公开测试阶段。待系统稳定后,公测宣告结束,游戏即成为正式版游戏。

1.3.4　游戏产品版权保护

　　游戏软件的版权问题一直是国内游戏市场发展的瓶颈,随着网络游戏的蓬勃发展,随之而来的盗版、私服、外挂、代练等问题也屡禁不止,严重侵害了商家的利益。盗版者在利益链上的分流严重影响了开发商和运营商的再生产能力,对游戏产业来说可谓是致命毒瘤。

现阶段,我国对于游戏产品的保护主要包括以下几个方面。

著作权法的保护。无论是单机游戏还是网络客户端游戏,都可以理解为一种计算机软件,对于软件的著作权保护,我国《著作权法》第三条第九款已明确将计算机软件作为著作权法保护的对象,在《计算机软件保护条例》中又对其具体内容进行了总结和扩充。直接盗版单机游戏光盘或提供下载的行为将直接侵害著作权人的复制权和发行权。而所谓的"私服"就是指盗取了软件的源代码,自己架设游戏服务器进行盈利的行为,网络游戏出售的是特殊的垄断性服务,这种服务受法律的保护,即提供服务者所使用的软件必须有著作权保护。因此,私服也是侵害著作权人使用权的行为。在我国知识产权法的体系下,用著作权法保护网络游戏的产权有优势也有不足,其优势是自动保护原则使网络游戏在完成之日起就自动获得著作权,无需任何程序,同时,相对专利法门槛较低,保护的对象比较广泛。当然其缺点也是显而易见的,游戏软件经过反编译之后,往往在使用著作权法保护时取证较为困难,而且关于知识产权的案件审理周期比较长,这份迟来的正义对于平均生命期短暂的网游来说实在是太迟了。

专利法的保护。专利法对游戏软件的保护门槛较高,需要申请发明专利,并且每年都要缴纳专利费,且一款游戏要想申请专利保护较为困难,它要求游戏的程序代码能够使计算机的性能得到优化,或者能够执行某种测量,控制某种自动化技术等。目前,很多游戏公司并不开发自己的游戏引擎,而是使用成熟的商业引擎,运营也交由大型的游戏运营公司。虽然专利法保护更为系统有效,但对于中国的游戏商家来说还是有些遥远。

经济法的保护。从经济法的角度来讲,网络游戏的客户端和服务器端的源代码应当属于商业秘密,非法窃取游戏源代码并进行盈利的行为是非法的。《反不正当竞争法》第十条规定的"商业秘密"的含义是:不为公众所知悉的,能为权利人带来经济利益,具有实用性并经权利人采取保密措施的技术信息和经营信息,包括设计资料、程序、产品配方、制作工艺、制作方法、管理诀窍、客户名单、货源情报、产销策略等。作为商业秘密进行保护在法庭取证时相比著作权来说更简单,更容易得到保护。但商业秘密保护的致命性在于它不禁止逆向工程,所以侵权者只要更换一种编程语言就能轻松规避。

1.4　了解玩家

玩家的多样性直接决定了游戏的多样性,一款游戏要想获得成功,必须要有自己针对的玩家群体,并充分了解玩家的特征和心理。因此,一个优秀的游戏设计师必须充分了解将要面对的玩家,设身处地地为玩家着想。例如,如果要设计一款儿童游戏,就需要从理论上分析儿童的特征,在生活中观察儿童的喜好,充分了解玩家群体的习惯和特点。

一般来说,人们会从玩家的年龄、性别、心理三个方面分析玩家,将具有相同特征的玩家归为一个特征群体,并在此基础上进行设计。

1.4.1　年龄差异

婴幼儿时期(0～3岁)是儿童发育最快的时期,其语言、身体、心理都在快速发育,想要急切地获取外界信息,能够长时间看电视、听故事,掌握了基本的生活动作,如走、跑、跳、蹲等,在语言上已经能够正常地交流了。但是,这个年龄段的儿童在颜色和逻辑等方面还不成熟,因此,针对这个年龄段开发的产品要色彩鲜亮明确,能够以具象词语描绘,并具有早教的价值。

学前儿童时期(4~6 岁)的孩子会形成自己的兴趣喜好,能够进行一定的审美体验,对事物有自己的道德评价,孩子的性格也会在这个年龄段形成。这个年龄段的儿童会对游戏产生浓厚的兴趣,无论电子游戏还是现实生活中的游戏都会引起他们的强烈关注。这个时期的游戏仍以早教类产品为主。

儿童时期(7~9 岁)的孩子已经进入理性时期,在学校中积累了一定数量的知识,并能够自己阅读一些图书,对游戏和玩具也会表现出自己明显的喜好。不过,基于保护视力、避免成瘾等因素的考虑,家长可能会限制他们的游戏时长。

青春前儿童时期(10~13 岁)的孩子能够更加深刻地思考问题,而且会对自己喜欢的事物投入非常大的精力,他们可能会沉迷到游戏中而不能自拔,需要监护人予以特殊的保护和监督。

少年时期(14~17 岁)主要为成年做准备,少男与少女的兴趣方向也产生了非常明显的差异,也就是人们常说的青春期,生理特征逐渐明显,心理上也逐渐成熟,并伴有一定的叛逆心理,喜爱追求刺激和新颖的事物。

青年时期(18~24 岁)的人群已经成年,有一定的消费能力,智力和精力都处于人生顶峰,他们的时间相对宽裕,生活中能够留出充分的时间进行娱乐,他们通常是数字游戏产品的主要消费者,对游戏有自己明确的选择标准和品味。

大龄青年时期(25~35 岁)的人通常拥有一定的社会地位与经济基础。由于他们会在事业和家庭上花费大量的时间,因此留给游戏的时间会相应变短。但是,这部分群体的消费能力较高,不吝于为自己的业余爱好花费金钱,是不可忽视的重要游戏用户。

中年时期(36~55 岁)是人生中压力最大的时期,随着老人年龄的增加和孩子的成长,他们的家庭责任和事业责任会逐年增加。因此,对游戏产品来说,他们会选择一些轻度游戏,或者是能够全家一起玩的游戏,以此增加与家庭成员的相处时间。

中老年时期(55 岁以上)会突然多出很多时间,儿女离开家庭外出打拼,忙碌的生活从此变得安逸起来。这个阶段资本充足,生活压力较小,空闲时间较多,对生活有较深的体验和感悟,喜欢追求安逸、舒适的生活。不过,这类人群的娱乐十分丰富,游戏仅是其中的一小部分,如下棋、旅游、钓鱼等活动是他们的主要休闲方式。

1.4.2 性别差异

俗话说"男女有别",男性和女性在生理与心理上存在着与生俱来的差异,因此,男女玩家的游戏品位也大相径庭。

一般来说,男性玩家偏爱竞技、破坏、掌控等玩法,从游戏题材上来看,男性玩家喜爱竞技、冒险、射击、战争、格斗类游戏,喜欢反复试验并解决问题,并对游戏中的暴力内容有较高的耐受度。这是因为大部分男性的雄性荷尔蒙水准较高,有一定的掌控欲和占有欲,哪怕奖品没有实际价值,也希望通过击败对手证明自己。这一倾向在男性的儿童时期就有所表现:女孩子们在给芭比娃娃换衣服的时候,男孩子们却在拿着木棍相互打闹。这种喜爱尝试、乐于竞争的天性会一直保留到男性玩家成年以后。

人们发现,很多男性玩家不太喜欢查看游戏帮助,在遇到挫折时宁愿一遍遍地尝试,直到解决问题；而女性玩家则对此不甚理解，她们倾向于放弃难以上手的游戏。男性玩家更关心游戏机制层面的属性，而与之相反的女性玩家则更注重游戏道具的外观。在玩MMORPG游戏时，男性玩家希望快速升级，得到高等级的攻击力或头衔，而女性玩家认为这是在浪费精力，不愿意刻意争取这些"虚荣"。

女性玩家相对更加重视在游戏中体验到的情感元素，她们对角色扮演、休闲益智、养育养成、社区交流等玩法更为喜爱，如《仙剑》系列和《模拟人生》，不少女性玩家喜欢一些操作性不强但情节丰富，类似电影或小说的游戏。以《仙剑奇侠传》为例，女性玩家通常沉醉于故事和游戏中的情感，而男性玩家则更关心如何提高技能和如何通关，因此游戏中的剧情、音乐对女性玩家来说更有沉浸感和代入感，男性玩家经常会不耐烦地按Esc键跳过。女性玩家从小就喜欢扮演妈妈、医生、老师等角色，喜欢为自己的娃娃梳妆打扮、喜欢养宠物和花卉……所以，不难理解女性在玩竞技游戏时倾向于选择扮演护士、法师等治疗系的英雄。她们爱心丰富，愿意牺牲自己帮助其他玩家。

此外，女性的语言能力也优于男性，所以在文字类游戏中占据上风。不过，女性的空间想象能力弱于男性，可能会排斥诸如FPS等可能产生眩晕感的游戏。

总体来看，男女玩家在游戏中表现出了一定的差异，其原因主要来自于先天因素和后天的社会性别，即遗传基因造就了男女之别：男性在生理上继承了战士与猎手的基因，喜欢激烈的对抗与攻击；而女性则是社群的纽带，喜欢相互交流、富有爱心。从认知习惯来看，女性的思维通常更为感性和细腻，习惯从直觉和整体上认识事物；而男性则更为理性和粗犷，擅长数学逻辑和严密的分析。再加之出生后社会环境对男孩、女孩的定性化培养，如男孩要勇敢、女孩要温柔等，最终导致了男女玩家的差异。

游戏作为现实的替代和模拟，忠实地反映了男女玩家的心理差别。设计师应该在游戏开发伊始清晰地定位玩家的性别，以满足玩家的不同游戏需求。

1.4.3　心理差异

根据Richard Bartle的理论，玩家在游戏中大体可分为四类：成就型、杀手型、社交型、探索型。成就型玩家会沉醉于游戏中获得的各种荣誉和达到的各种难度水平；杀手型玩家以破坏和毁灭对手为乐趣；社交型玩家喜欢在游戏中组队游戏，在游戏中交流，形成伙伴关系、同盟或军团，体验游戏中的社交乐趣；而探索性玩家则具有强烈的猎奇心理，乐于寻找游戏世界中的稀有物品，喜欢解密或探索未知世界。

如图1-4所示，4类玩家在游戏中会表现出不同的交互行为。

一些游戏设计师会根据玩家的投入度将玩家分为非玩家、轻度玩家、中度玩家和重度玩家等不同类别，然后依此进行针对性的设计。

其中，重度玩家也被称为核心玩家，他们在游戏中投入的时间最长，游戏技巧也最为熟练。他们愿意在游戏中投入大量资金购买游戏机、游戏软件或道具，点卡等物品，热衷于在贴吧、论坛等电子社区讨论游戏内容。这类玩家往往喜爱RPG（角色扮演游戏）、RTS（即时策略游戏）、ACT（动作游戏）等需要熟练技巧的大型游戏。因此，针对此类玩家开发的游戏往往画面精美、操作复杂，被称为重度游戏或核心向游戏。

中度与轻度玩家也会不时地进行游戏，也可能会购买游戏中的消费项目，但在游戏时间、金钱投入和游戏技巧等方面较重度玩家而言明显降低。因此，针对此类玩家开发的游戏

图 1-4 玩家类型

往往不要求复杂的技巧，游戏时间也往往保持在几分钟至十几分钟不等，不会像重度游戏一样占据玩家的大量时间。人们一般称此类游戏为休闲游戏。

而非玩家则很少进行游戏，他们通常不愿意为游戏投入时间，也不愿意花钱购买道具。在他们眼中，游戏仅仅是闲暇时的一种替代性娱乐产品，与旅游、影视或书籍相比显得无从轻重。

不过，玩家的心理是一个不断变化的过程，非玩家可能在接触某些游戏后发展为轻度玩家；而重度玩家也可能在某些因素的影响下变为中度玩家甚至非玩家。

思考题

1. 试将游戏理论界对游戏特点的阐述整理成一张表格。

2. 和你的同学组成一个游戏开发小组，并按照策划师、美术师和程序员（可选）的职位进行分工，准备开发一个桌面游戏。

第 2 章

游 戏 分 类

一般来说,游戏分类有两种体系:第一种是按照游戏运行平台进行分类,如街机游戏(Arcade Game)、主机游戏(Console Game)等;第二种是按照游戏玩法进行分类,如动作游戏(ACT)、体育游戏(SPG)、角色扮演游戏(RPG)、模拟游戏(SIM)等。

按平台进行分类从属于按道具分类的体系。在此标准下,任何游戏都可以划分到无道具游戏、实体道具游戏和虚拟道具游戏三大类之中。

无道具游戏指无需任何道具即可进行的游戏。如过家家、顶缸、猜谜、老鹰捉小鸡、真心话大冒险等。

实体道具游戏指采用真实存在的事物作为道具的游戏。如打扑克、下飞行棋、投沙包、踢足球、拼乐高、放风筝、堆雪人等。

虚拟道具游戏指用数字化的虚拟事物作为道具的游戏。如《魔兽世界》《反恐精英》《吃豆人》《超级马里奥》《文明》《罪恶都市》等。

本书仅针对虚拟道具游戏,即数字游戏展开介绍。

2.1 游戏平台分类

如果按照平台进行分类,则数字游戏目前大体可以分为街机游戏、主机游戏、计算机游戏、手机游戏、掌机游戏、移动平台游戏、网页游戏七大类。

2.1.1 街机游戏

街机(Arcade)最早起源于欧美国家的一些游乐场内的机械式投币类游戏机,如图 2-1 所示。早期在美国酒吧盛行,后来则多见于商场、影院和游戏厅。

在街机平台上运行的游戏称为街机游戏,每一台街机均对应固定的游戏软件,开发商需要为游戏机制作配套的游戏程序。不同游戏的街机也具备不同的交互硬件,例如平台游戏的街机安装有方向按键或遥杆,而赛车游戏的街机安装有方向盘、手动档位切换器等,玩家可以通过操作这些硬件进行游戏。

相比独自在家玩计算机游戏或主机游戏,在游戏大厅中体验街机游戏时,操作娴熟的玩家往往能吸引许多人观摩,而这能让玩家感受到强烈的成就感和与人分享、讨论游戏的

图 2-1 街机

喜悦,对于最早接触街机游戏的 70 后和 80 后而言,这种记忆尤为深刻。

街机游戏具有较长的发展历史,从早期到现在出现过非常多为人热爱且熟悉的作品,例如《宇宙侵略者》《吃豆人》《坦克大战》《大金刚》《大力水手》《马里奥兄弟》《魂斗罗》《街头霸王》系列、《侍魂》系列、《拳皇》系列等。其中,《街头霸王》是一款经典的格斗游戏,这款游戏诞生时正是街机格斗游戏的起始阶段。20 世纪 90 年代初,《街头霸王 2》发布,随后另一款著名的格斗类游戏《拳皇》系列也开始登上街机平台,这一时期是街机格斗游戏崛起的时代,众多脍炙人口的格斗游戏逐渐诞生,例如《饿狼传说》系列、《龙虎拳》系列、《真人快打》系列、《铁拳》系列等。同时,在射击游戏方面也诞生了很多作品,例如《四国战机》系列、《特种部队》系列、《合金弹头》系列、《战国》系列等。

因为独特的运行平台和玩家特有的游戏环境,大多数街机游戏都是动作游戏,玩家们体验相互切磋技艺、比赛竞争的快乐,体验快节奏游戏带来的爽快感和成就感。

然而随着时间的推移,在进入 21 世纪后,街机游戏的发展开始呈现下滑趋势,这或许和计算机游戏以及主机游戏的逐步普及相关,更多玩家乐于享受便捷的游戏过程。不过,开创电子游戏时代的街机游戏所带给人们的体验是其他游戏平台无法取代的,众多经久不衰的街机游戏的优良设计模式至今仍值得设计师们研究与学习。

2.1.2　主机游戏

主机游戏也可称为电视游戏,通常需要准备游戏主机以运行程序,电视机用作呈现画面,还须配合其他辅助设备才能进行游戏,例如手柄、遥杆、动作捕捉器等。使用不同主机时的游戏操作方式也不尽相同,并且每一种游戏主机都有所属的游戏,玩家购买的游戏应当和自己已有的主机相匹配,当然,多数游戏开发厂商会针对一款游戏而开发基于不同热门主机的游戏软件,从而扩大销售量。

从 20 世纪 70 年代开始发展至今,市场上相继出现了各种类型的游戏主机,例如初期的雅达利 2600、俗称为红白机的 Family Computer(简称 FC)等,中期的 PC Engine、Super Famicom(超级任天堂主机,在北美被称为 Super Nintendo Entertainment System)、Mega Drive(在北美被称为 Sega Genesis)等,以及后期的任天堂的 Wii 系列、索尼的 PlayStation 系列、微软的 Xbox 系列等。随着硬件技术的不断发展,游戏主机从最初的 8 位处理器发展到今天可以胜任 3D 大型游戏,基于主机平台的游戏品质在不断上升;同时,游戏的玩法也更为多样。

例如任天堂的 Wii 主机上的 Wii Sports 游戏(官方称其为 Wii 运动,如图 2-2 所示),其运动项目包括网球、棒球、保龄球、高尔夫球和拳击五种运动模拟,Wii 主机的辅助感应手柄可以轻易地感知玩家的"挥拍""击球"等动作,在虚拟球拍接触球体时,手柄的震动会及时反馈给玩家。对应不同的运动模式,感应手柄上的按钮也具备不同的作用,例如在玩棒球游戏时,按住手柄的 A 按钮并向前挥动手柄代表投曲球,而按住 B 按钮代表投花球,同时按住这两个按钮代表投指叉球。感应手柄直接对应真实世界中的球拍或球杆,使玩家能够快速上手,并且能通过锻炼自己的身体素质,在游戏中获得更好的成绩。

对于较高技能要求的动作游戏,不少玩家倾向于手柄交互,不同的主机拥有各自独特的手柄,图 2-3 所示为 Xbox One 主机的手柄和 PlayStation 4 主机的手柄构造。

手柄具备多种按键和摇杆,它们的分布基于双手握住手柄时不同手指的位置和活动区

图 2-2　体感游戏 Wii Sports 中的网球运动(上)和高尔夫球运动(下)

图 2-3　PlayStation 4 主机的手柄(左)与 Xbox One 主机的手柄(右)

域,交互便捷;还有的主机游戏可以不使用交互硬件,例如 Xbox 360 主机的 Kinect 动作捕捉设备,玩家只要站在 Kinect 能够捕捉的范围内,对应游戏规则做出相应动作即可进行游戏,如图 2-4 所示。

2.1.3　计算机游戏

计算机游戏也称 PC(Personal Computer)游戏,是基于计算机平台运行的游戏,计算机游戏的品质往往能够体现当今计算机技术的较高水准,当计算机更新换代的同时,一般而言计算机游戏也将产生相应变更。精致而逼真的画面能吸引数量众多的玩家,体现出研发公司的技术实力,在计算机硬件不断高速发展的过程中,游戏画面的精美程度也会快速跟上,及时为玩家带来强烈的视觉冲击;同时,不断追求流畅舒适体验的玩家们,在自身计算机配

图 2-4　Xbox 360 的 Kinect 体感游戏

置无法完美运行大型游戏时，也将及时更换硬件，使计算机硬件和游戏软件互相推动，共同飞速发展。

　　游戏类型受制于交互方式，而计算机游戏具有高度的交互性，玩家可以通过鼠标、键盘或者其他手持设备（如手柄等）进行游戏，由于键盘和鼠标的组合能创造无数的操作指令，因此计算机游戏的核心玩法十分多样，既有操作难度较大的动作游戏——通常有多种按键组合，玩家需要记住并熟练掌握这些组合按键的使用，例如《鬼泣》（如图 2-5 所示）、《生化危机》等系列游戏。也有操作十分简单的游戏——例如棋牌等休闲游戏，玩家只需要单击鼠标即可；当然，在大型 3D 游戏中，最为常见的操作方式为键盘和鼠标的互相配合，鼠标控制摄像机的视角以及和场景物体进行交互（和 NPC 对话、发射子弹等），键盘控制主角的移动以及选择武器或技能等。由于其操作种类多样，游戏的类型在所有游戏平台中居于首位，玩家可以根据自己的喜好自由选择各种类别的游戏，甚至可以通过购买适合自己的手柄体验和键盘、鼠标截然不同的游戏操作乐趣；除此之外，由于计算机可以接入的硬件种类较多，不少设计师设计了结合摄像头、动作捕捉器以及话筒等输入设备的计算机游戏，例如通过话筒捕捉玩家的声音，根据玩家的音频高低控制鸟在天空中飞翔的高度等。

图 2-5　计算机平台动作类单机游戏《鬼泣 5》

　　根据游戏的内容，计算机游戏可以分为单机游戏和网络游戏。单机游戏（Single-Player Game）较网络游戏而言通常拥有更精致的画面，游戏具有一个主题或线索，玩家需要沿着这条线索进行游戏。多数游戏的主要线索是讲述一个故事,玩家则扮演一个独特的角色,体验一段难忘的经历。在单机游戏的世界中,玩家通常是独自进行游玩,几乎不会和其他玩家进行在线交流或共同战斗。此外,大多数单机游戏具有"通关"时间,即通过所有关卡或者完成所有主线任务、观看完主线剧情等,当然也有部分游戏没有故事收尾的形式,游戏高度自由,玩家可以游玩尽可能长的时间,例如《模拟城市》和《我的世界》等。单机游戏种类繁多,所有种类的具体介绍将在第 3 章进行,此处不再赘述。

网络游戏(Online Game)和单机游戏的最大不同是"多人在线"和"必须联网",网络游戏具备客户端和服务器,玩家下载客户端并安装游戏后,进而创建自己的游戏账号,之后该账号的所有游戏档案都将被存储在服务器中,玩家只要复制客户端,即可以在其他计算机上进行游戏,也无须担心自己的游戏存档丢失和误删,与单机游戏相比,网络游戏具有更大的空间自由度。网络游戏还具有无时间限制的特点,它没有一个终点,玩家可以无限地在游戏世界中探索、完成任务,不断提升角色的装备和能力等。此外,多人在线成为网络游戏最大的吸引力之一,由于在虚拟世界中,人们可以看到其他玩家正在进行的活动,还可以通过文字输入或者语音和他人交流,而游戏的公会系统(游戏中内置的一种社交系统,类似好友、组队、聊天频道等,是一种玩家的组织)、好友系统等均会让玩家感受到自己处于一个大规模的集体当中,和他人分享能为玩家带来更大的游戏乐趣。当今著名的网络游戏有美国暴雪(Blizzard Entertainment)公司的《魔兽世界》(*World of Warcraft*)、美国 Riot Games 公司的《英雄联盟》、韩国 NEOPLE 公司的《地下城与勇士》、韩国 Smile Gate 公司的《穿越火线》(*Cross Fire*)、中国网易公司的《梦幻西游》、中国西山居公司的《剑侠情缘网络版》(如图 2-6 所示)等。

图 2-6   计算机平台网络游戏《剑侠情缘网络版》

2.1.4 掌机游戏

掌机游戏是便携式游戏的一种,是在专门的小型游戏机上运行的游戏软件,由于携带方便,玩家可以随时随地打开运行游戏。

掌上游戏机的发展最早可追溯到 20 世纪 70 年代由美国 Mattel 公司开发的 Handheld Electronic Games 系列,之后随着时间的推移,市场上逐渐出现了更多为人所熟知的游戏掌机,例如任天堂的 Game & Watch、Game Boy 和 Game Boy Advance(简称 GBA)系列、NDS

系列、3DS、Switch,世嘉的 Game Gear(简称 GG),索尼的 PSP 系列、PSV 等。

　　早期的掌机游戏呈现出游戏时间碎片化的特点,适合人们在较短的时间内进行游戏,例如乘坐公交和地铁或排队等候时,游戏复杂程度以及画面和声音的品质一般低于主机游戏和计算机游戏。随着技术的持续进步、优秀作品的不断发售以及掌机游戏的便于携带和操作,此类游戏逐渐拥有了大量的用户群,并带动了相关软件和硬件产业的发展。

　　时至今天,市场上陆续呈现出了不少经典的掌机游戏作品,例如 PSP 的《怪物猎人》系列、《最终幻想》系列、《铁拳》《LOCK & ROCK》《无限回廊》等;NDS 的《口袋妖怪》系列、《塞尔达传说》《任天狗》等,并且不少掌机游戏是从其他平台移植而来的。随着掌机硬件技术的发展,相较此前的掌机游戏,新一代的掌机游戏具备更为优质的画面和更加自由灵活的操作,为用户带来了丰富的视听体验。例如,任天堂于 2011 年推出的 3DS 游戏机,其上下屏幕分别具备的裸眼 3D 功能和触摸功能让玩家可以方便地操作游戏,同时享受立体游戏画面带来的丰富体验,如图 2-7 所示。而任天堂于 2017 年发布的 Switch 更是将掌机与游戏主机融为一体,玩家既可以在 Switch 自带的小屏幕上进行游戏,也可以将其连接到电视屏幕上作为主机进行游戏。

图 2-7　任天堂的 3DS 便携式游戏机(左)与 3DS 游戏《塞尔达传说》的画面(右)

2.1.5　手机游戏

　　手机游戏也属于便携式游戏的一种,是指运行于手机平台的游戏软件。由于手机操作系统一般均与平板电脑同步(如 iOS、Android),因此,手机游戏与平板电脑游戏可视为同类游戏。

　　最初的手机游戏画面粗糙、玩法简单,只能通过按键进行操作,例如《贪吃蛇》《踩地雷》《俄罗斯方块》等。而随着用户步入智能手机时代,手机拥有了独立的操作系统及运行空间,玩家可以自由地下载和安装应用程序。和早期的手机游戏相比,当代手机游戏具备联网和社交功能,并非只有单机游戏;游戏内容更为饱满,且能显示丰富的色彩及优质的画面;三维手机游戏数量大幅增多,为用户带来了更加多样化的游戏玩法和立体化的视觉感受;手机游戏的操作方式具有诸如多点触摸、重力感应等全新的形式;智能手机也具备更多种类的操作系统,例如 iOS、Android、Windows Phone 等。

　　和 2.1.4 节提及的掌机游戏相似,智能手机游戏具有时间碎片化且小型休闲游戏居多的特点,适合人们在工作闲暇时间、等候过程或旅途中游玩;手机游戏体积通常较小,符合手机存储空间小的特点;由于手机屏幕尺寸的限制,多数手机游戏操作简单,界面上的图标和文字较少。经典的手机游戏有《愤怒的小鸟》《涂鸦跳跃》《切绳子》《水果忍者》《神庙逃亡》《纪念碑谷》《部落冲突》《糖果传奇》等,很多手机游戏是由热门主机游戏或计算机游戏移植而来的,并且许多手机游戏还可以在平板电脑上运行。图2-8是手机游戏《神庙逃亡》的画面。

图 2-8　手机游戏《神庙逃亡》

　　平板电脑游戏的操作方式和智能手机相似,包括屏幕触控和重力感应等,不过平均而言,平板电脑较智能手机具备更大的屏幕尺寸和略高水平的处理器,能够呈现数量较多的文字和小型图标,可以渲染高质量的游戏场景和特效,因此适合运行具备一定复杂度的游戏,不少计算机平台的网络游戏和单机游戏都有平板电脑版本,例如网络游戏《神魔大陆》《梦幻西游》等,单机游戏《侠盗猎车手——罪恶都市》(如图2-9所示)《模拟人生》《我的世界》《极品飞车》等。玩家进行平板电脑游戏的时间倾向于连续化,该平台以动作游戏、体育游戏、模拟经营游戏为主。

图 2-9　平板电脑游戏《侠盗猎车手——罪恶都市》

2.1.6　网页游戏

　　网页游戏(Browser Game)也被称为浏览器游戏,是一种利用浏览器作为运行平台的游戏。

　　因为游戏全程必须连接互联网,却无须下载客户端,所以此类游戏又被称为无端网游。网页游戏的运行基于网页浏览器,需要安装 Java、Flash 等常用插件,因而此类游戏可以在拥有浏览器的任何一台计算机上运行,对于工作流动性较大的群体而言十分便捷。

　　当前市场上较为常见的 QQ 游戏大厅、4399 休闲小游戏网站等均提供了大量的网页游戏,以 QQ 游戏大厅为例,玩家只需要通过浏览器登录该网站和 QQ 账号,然后选择喜爱的游戏即可,如图 2-10 所示。与其他大型单机游戏和客户端网络游戏相比,网页游戏具有耗费资源较少、对硬件要求较低的特点。

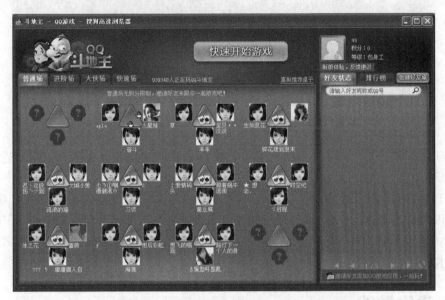

图 2-10　QQ 游戏大厅中的《斗地主》游戏

　　最初的网页游戏更倾向于虚拟社区,例如《第九城市》和《笑傲江湖》等。虽然众多在当今网络游戏中可以进行的交互,如饲养宠物、组建家庭、寻找工作等在网页游戏中也可以进行,但大多数网页游戏仅有少数且简陋的图片以及大量的文字,不过即便如此,网页游戏依然激发了众多网民的兴趣。随着网络技术的不断发展,当今的网页游戏呈现出规模不断增大、用户数量缓步上升以及视听体验愈发丰富的特点。在游戏类型方面,初期大量的网页游戏集中于角色扮演类型,例如《热血三国》等;随后,休闲益智和模拟经营类游戏更为热门,代表作有《商业大亨》等;时至今日,融合策略、角色扮演和冒险等多种玩法的混合型游戏已经成为网页游戏的主流。图 2-11 为以三国战争史为题材的网页游戏《攻城略地》。

　　针对网页游戏的研发,当前的主流技术有 Flash、HTML5 以及 Unity 3D 等。其中,Flash 支持动画创作与应用程序的开发,近期的大部分网页游戏均由 Flash 开发,然而随着游戏质量的不断提升,使用 Flash 制作的网页游戏通常会占用较多的硬件资源,容易出现运行不流畅等现象。

　　Unity 3D 作为一款功能齐全的专业游戏引擎,对跨平台游戏开发、制作大型三维游戏等较为便捷,开发人员可以通过 Unity Web Player 插件发布网页游戏,2014 年出现的大量画面精良且运行流畅的网页游戏均基于 Unity 3D 技术。虽然 Unity 3D 具备众多优势,然

图 2-11　以三国战争史为题材的网页游戏《攻城略地》

而其学习成本和制作成本较高,所以许多小型团体或独立开发者会选择 HTML5 进行网页游戏的开发。

　　由于 HTML5 具备较高的可移植性,因此开发者可以轻松地将其移植至 UC 浏览器、Facebook 等应用平台,甚至可以通过封装成应用程序发布至 App Store 或 Google Play。此外,HTML5 还具备消耗资源较少且简单易学的特点,因此近年来越来越多的开发者开始选择此技术进行游戏制作。

2.2　动作游戏

　　按照平台进行分类的体系在游戏诞生初期占据了重要地位。但随着市场的细分和技术的发展,很多游戏均开始跨平台发售,例如一款游戏可以同时推出主机版本、PC 版本和手机版本等。因此,按照平台进行分类的方法开始捉襟见肘,而按照游戏核心玩法进行分类的方法则更加盛行。

　　下面按照游戏核心玩法的不同,分别就动作游戏、射击游戏、角色扮演游戏、策略游戏、模拟游戏等类别加以详细说明。

　　动作游戏也称 ACT 游戏(Action Game),大多数挑战都是在考验玩家的手眼配合能力、反应力以及注意力集中程度。动作游戏一般而言不具备过于复杂的剧情,其情节紧张,能带给玩家一定的刺激感,节奏越快则难度越高,在挑战高难度任务时甚至会出现手部肌肉抽搐的现象,此时玩家几乎没有时间思考复杂的战略,对组合按键的使用必须十分娴熟,做出操作指令的速度近乎于条件反射。

　　由于游戏每一关的敌人或障碍物出现的位置、数量以及能力均不变,因此玩家可以在重复游戏后得到操作技能的提升,同时可以通过记忆取胜。不少游戏将关卡设置为多种难度等级,使新手玩家以及经验丰富的老玩家都能获得相应程度的挑战;有些游戏则加入了更多的智能判断——游戏的难度实时匹配玩家的当前操作水平,使玩家在技术成长的过程中能不断获得挑战自我的乐趣。

动作游戏拥有很长的发展历史,大多数早期的街机游戏和掌机游戏都属于此种类型。发展至今,动作游戏依旧占据了大量的游戏市场,并且根据不同的主题和内容逐渐衍生出多种动作游戏子类,下面将对常见的动作游戏子类进行介绍。

2.2.1 格斗游戏

格斗游戏(Fight Technology Game,简称FTG)是动作游戏的重要分支,其界面上通常会显示主角和作战对手,玩家要通过输入设备操控"化身"使用格斗技巧打败对手以获得胜利。格斗游戏通常模拟近身战斗,双方选手使用武术或拳击等动作。在有的游戏中,角色也可以使用刀剑、盾牌或其他有数量限制的武器,如图2-12所示。

图 2-12　格斗游戏《拳皇 12》

在游戏中,玩家可以控制斗士左右移动、跳跃、下蹲,并可以通过一定的操作使其做出攻击或防守的动作,部分防守动作可以抵御某些攻击,而对其他的则无效,玩家必须通过游戏反复试验,学习它们何时有效以及如何使用。每次成功的攻击都将使对方失去一些生命值,当某一方的生命值为零时,游戏结束。格斗游戏也包含一定的策略性,经验丰富的玩家会通过对方的动作预测他的下一步行动,从而及时防御。

格斗游戏在早期的街机上十分流行,此类游戏动作繁多,而街机的输入端通常只具备少数的按钮和摇杆,设计师难以将每个动作都对应一个按键,因此产生了"组合移动(Combo Move)"玩法,即玩家通过快速按下一系列按钮或操控摇杆,就能释放出极为有效的攻击。组合移动在解决了街机输入端简单的问题的同时,也为玩家提供了新的挑战,是一大成功的设计。当游戏检测出某个组合移动被执行时,将在屏幕上显示对应技能的进度条,玩家必须根据屏幕指示的按键进行顺序操作,一旦玩家停止或按键失误,则进度条重新变回零,玩家将从头开始。

一般而言,格斗游戏呈现2D画面,即便是3D格斗游戏,在大部分作品中,玩家也无须操控摄像机,游戏通常以侧面视角将所有对战中的格斗士在屏幕上显示,玩家控制的角色一般在2D平面中以上、下、左、右的方向运动,不会靠近或远离玩家。图2-13为格斗游戏《街头霸王 4》的画面。

格斗游戏通常会为玩家带来强烈的爽快感、成就感和舒畅感,其格斗士的夸张姿势、强势技能的画面效果以及打斗音效进一步增强了游戏的视听冲击,在某些情况下可以作为人们宣

图 2-13　格斗游戏《街头霸王 4》

泄负面情绪的平台。在街机时代,曾经风靡一时的经典格斗游戏几乎奠定了该类型的设计模式。发展至今,格斗游戏的大部分创新在于角色的形象、动作以及玩家对格斗士的操控方面。

2.2.2　平台游戏

平台游戏(Platform Game)在 20 世纪 80 年代末至 90 年代初较为流行,是指角色在水平高度不同的平台之间来回跳跃,以躲避障碍物和敌人的游戏。此类游戏的风格通常较为卡通,主角往往具备超自然的跳跃能力,其从高处落地时,在未接触危险区域或有害事物时也不会死亡。此类游戏一般不具备精确的物理效果,角色跳跃在半空中时可以灵活地改变运动方向,在地面上也可以随时移动或止步。

一般而言,跳跃是 2D 平台游戏最常见的动作,角色通过跳跃到敌人头顶上将其杀死,跳跃以避开危险物体的攻击或获取有利的道具等。此类游戏通常具备简单的操作、剧情以及数量众多的关卡,游戏后期的高难度机关十分考验玩家的操作技能。

大多数主角具备人类形象特点的 2D 横板过关游戏均属于平台游戏,经典的 2D 平台游戏有《超级马里奥》《超级大金刚》《刺猬索尼克》《雷曼》等。图 2-14 为平台游戏《刺猬索尼克》。

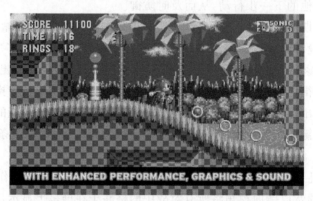

图 2-14　平台游戏《刺猬索尼克》

2.2.3　体育游戏

体育游戏(Sports Game,简称 SPT)是指将真实世界中的运动项目作为游戏的核心内容或模拟体育活动,提供给玩家成为职业运动员并参与大型体育赛事当中的体验;或模拟运动员及赛事安排的管理行为;或两者兼有。此类游戏模拟的运动项目通常是较为人知的竞技活动。在虚拟赛事中,玩家通过操作输入设备(手柄、键盘、街机的摇杆等)控制虚拟运动员的动作,并以取得比赛胜利为目标;而在管理项目上,玩家则需要了解运动员的能力,雇用或交换球员,思考每场赛事的队伍阵型及攻防战略等,而游戏界面也通常采用图形和表格的形式反映相关数据。

　　在游戏进行的过程中,玩家的角色通常为运动员,而在团体型体育比赛中,玩家并非仅和一个角色绑定,而是可以操纵一个或多个运动员,并且可以快速、自由地在不同角色之间切换。在比赛暂停或中场休息时,玩家还可以切换为教练,查阅对方球员的信息,制定新的战略或替换运动员等。在模拟管理的玩法中,玩家作为团队经理,可以在一定的预算下雇用或解雇球员,以最大化提升队伍的实力,从而参与比赛以获得更高的荣誉。

　　经典的体育游戏有 FIFA 系列、实况足球系列、老虎伍兹 PGA 巡回赛系列(高尔夫球)、NBA 2K 系列(篮球)、NHL 系列(冰球)、Virtua Tennis(网球)等。图 2-15 为体育游戏《实况足球 2013》。

图 2-15　体育游戏《实况足球 2013》

　　多数的体育游戏致力于最大化还原真实比赛,例如场地比例、竞赛规则、著名队伍等,它们的拟真性甚至让众多玩家因为支持现实世界中的某支球队而沉迷于电子体育游戏,为了使心爱的球队获取胜利而选择在虚拟赛事中日夜奋战,以满足内心的成就感或弥补遗憾。体育游戏以球类运动居多,例如篮球、足球、高尔夫球、网球等,并且越是人们热衷的运动,该游戏的占有率就越高。

2.3　射击游戏

　　严格来讲,射击游戏(Shooter Game,简称 STG)是动作游戏的一个子类。但是,由于射击题材受到了玩家的热烈欢迎,已经发展成为极为庞大的一个类别,因此本书将射击游戏单独列为一节进行详细介绍。

　　射击游戏是将"射击"作为核心玩法的游戏,射击的工具并非只有枪支、炮弹,也包括非武器类工具,例如灭火器、喷枪等,因此此类游戏的范围较广,主要强调"瞄准"和"远距离采取动作"。

射击游戏可以分为 2D 射击游戏和 3D 射击游戏两大类,下面分别对其进行介绍。

2.3.1　2D 射击游戏

2D 射击游戏通常分为俯视和侧视两种视角,玩家处于敌人的不断攻击中(近距离攻击及远距离发射子弹等),一般情况下,玩家的直接目标为躲避敌人的攻击以及向敌人(或其他阻碍玩家前进的对象)射击。随着游戏的推进,玩家通常能获取新型武器,每种武器的技能不同,例如普通子弹和炸弹等,杀伤力强的武器通常有数量限制。

2D 射击游戏一般较少遵循物理规律,角色或飞机、坦克等交通工具能瞬间改变运动方向而不受惯性影响,在一条直线上运动也可以灵活地调整水平高度而没有重力的限制,这些特性已经成为 2D 射击游戏的设计传统。

2D 射击游戏的操作较为简单,在街机或者主机上,玩家操纵游戏机或手柄的遥杆即可控制角色的位置移动,使用其他按键控制子弹的发射;在计算机上则通过键盘的方向键(或W、A、S、D 键)控制移动以及鼠标的左右键单击控制弹药的发射,这些操作已经成为众多玩家的默认交互方式,也是设计师们通常所采取的交互机制。

2D 射击游戏的经典作品有早期的《魂斗罗》系列、《洛克人》系列、《合金弹头》系列等,它们虽然画质粗糙,特效和音乐等的表现也十分有限,但拥有的出色的可玩性曾经打动了无数玩家,这些设计风格甚至影响了当今的游戏作品。图 2-16 为《魂斗罗》游戏的界面。

图 2-16　《魂斗罗》游戏的界面

2.3.2　3D 射击游戏

3D 射击游戏从视角上可以分为第三人称射击游戏和第一人称射击游戏。其中,第一人称射击游戏(First-Person Shooting Game,简称 FPS)发展成为了较大的一个游戏分支,直至今天诞生了不少优秀作品,例如《使命召唤》系列、《毁灭战士》系列、《雷神之锤》系列、《半条命》系列、《反恐精英》系列、《军团要塞》系列、《战地》系列等。图 2-17 为《使命召唤 4:现代战争》游戏的界面。

3D 射击游戏相较 2D 射击游戏具备更高的真实度,利用 3D 硬件的优势呈现出更为玩家所熟悉、更易识别的虚拟世界。3D 射击游戏的物理效果更接近真实世界,物体间的碰撞以及所受的重力作用都被合理地呈现。对真实世界的强调也影响到游戏的可玩性及其他内容,大多数 3D 射击游戏都较为逼真,例如《反恐精英》游戏中的枪支均源自现实世界中的著

图 2-17　《使命召唤 4：现代战争》游戏的界面

名枪型,如图 2-18 所示。同时,在与敌人的交互方面,子弹在射中敌人的头部、四肢和身体的不同部位后对其造成的伤害程度也不尽相同。

图 2-18　《反恐精英》游戏中的部分枪型

在 3D 射击游戏中,第一人称射击游戏的玩家视野大约为 30°(在 4∶3 的屏幕上),而在真实世界中,人们的视野为屏幕上的 4 倍,具备 120°水平弧度的视野宽度,不过设计师们采取了让摄像机转换更加快捷且顺滑、大部分敌人均从前方靠近玩家的方式,避免了视线限制为玩家带来的不便,如图 2-19 所示。

图 2-19　第一人称射击游戏《光环 4》

第三人称射击游戏的视野则相对较大,玩家可以观察主角前方、侧方和后方的物体,但视野前方会受到主角身体的部分遮挡,该视角下的摄像机通常位于主角后方的一定距离内(但不会太远),同时高出主角的中心点并向下倾斜。这两种视角会在某些情况下互相切换,不少第三人称射击游戏在特定情况下会切换为第一人称视角,例如在墙角等障碍物较多的区域;而部分第一人称射击游戏,例如《光环》,当主角进入交通工具时,摄像机将切换为第三人称视角;也有一些游戏允许玩家在第一人称视角和第三人称视角之间自由切换,如蓝洞公司开发的《绝地求生》等。

3D射击游戏通常以战争为题材,展现宏大且真实的背景,且含有一定的血腥和暴力成分,然而其为玩家带来的紧张、刺激以及震撼和爽快的体验也较为强烈,因此射击游戏从早期的街机游戏时代直至当今都受到了较大的欢迎。

2.4　角色扮演游戏

角色扮演游戏(Role Playing Game,简称 RPG)是指玩家扮演(操控)一个或多个角色,在一个想象的世界中通过发展剧情推进游戏进程,玩家的经历包括冒险、解谜、战斗、养成、收集等多种类型,游戏角色将不断成长并获得相关技能的提升。角色扮演游戏通常具备完整的故事情节,通过剧情的跌宕起伏感染玩家。此类游戏范围较广,通常涉及多种游戏元素,除动作角色扮演游戏(Action Role Playing Game,简称 ARPG)以外,其他 RPG 游戏很少出现物理协调性的挑战(如操作技能等)。

2.4.1　桌面角色扮演游戏

角色扮演游戏最初以桌面游戏的形式诞生,由纸面上的战略游戏演变而来。进行此类游戏的玩家一般通过纸面上的地图、卡片、抽象符号、木块或塑料块等物品表示游戏场景、人物和道具等元素。桌面角色扮演游戏通常需要一个主持人(或称之为游戏的管理者),其他玩家则分别扮演一个角色。由于几乎一切游戏事件均由玩家想象而来,因此他们可以提出任何合理的动作和决策,而主持人则需要根据庞大的游戏规则确定玩家下一步的经历,通常玩家是以投骰子的形式确定前进的步数、战斗是否胜利、收货多少金钱、遇见何种事件等。图 2-20 所示是经典桌面角色扮演游戏《龙与地下城》(*Dungeons & Dragons*)。

图 2-20　经典桌面角色扮演游戏《龙与地下城》(*Dungeons & Dragons*)

2.4.2 数字化角色扮演游戏

较之桌面游戏,计算机上的角色扮演游戏的灵活度和自由度都相对较低,由于计算机可以直接实现规则,成为游戏的"主持人",并将虚拟世界完全呈现在显示器上,角色的形象和动作也清晰可见,因此玩家无须再进行丰富的想象。不过,由于计算机提供固定的规则和角色动作,玩家无须提前熟悉游戏或在游戏过程中实现规则,因此在某种意义上,数字化 RPG 游戏对新手更为友好;同时,数字化 RPG 游戏具备更丰富的画面特效和音乐音效,视听体验较桌面游戏更佳。

数字化 RPG 游戏分为单玩家 RPG 和多玩家 RPG,大部分角色扮演类单机游戏均为单玩家 RPG 游戏。在单玩家角色扮演游戏的过程中,玩家一般通过和非玩家角色(Non-Player Character,简称 NPC)对话获知剧情,并执行相关任务。数字游戏软件无法将所有的游戏可能性都囊括其中,玩家的角色扮演限制在 NPC 的对话树范围内,对话树的复杂程度影响了玩家的可选择性,高自由度的角色扮演游戏通常提供了数量庞大的游戏支线,玩家可以反复进行游戏,以体验更加丰富的剧情。图 2-21 为单玩家角色扮演游戏《仙剑奇侠传》的界面。

图 2-21 单玩家角色扮演游戏《仙剑奇侠传》

在多玩家角色扮演游戏中,玩家扮演的角色可以与其他角色交流,例如通过键盘输入文字或通过麦克风语音实时对讲等。每位参与游戏的玩家都具备一个虚拟世界角色,扮演不同的角色则具备不同的技能、服饰、动作特点和成长路径,和扮演不同角色的玩家组合完成任务是多玩家角色扮演游戏的独特体验。不少多玩家 RPG 游戏规模庞大,具备大型的游戏地图,并能够容纳足够多的玩家,具备多种角色供玩家选择,此类游戏通常被称为大型多人在线角色扮演游戏(Massive Multiplayer Online RolePlaying Game,简称 MMORPG),不少经典网络游戏都属于 MMORPG 类型,如《魔兽世界》《剑侠情缘网络版三》等,如图 2-22 所示。

图 2-22   大型多人在线角色扮演游戏《魔兽世界》

2.5   策略游戏

策略游戏(Simulation Game,简称 SLG)挑战玩家的策划、谋略或领导、经营等能力,运用战略与计算机或其他玩家对战,并以取得各种形式的胜利为目标,例如开拓新的领地、成为国家的统治者等。策略游戏通常包含探索、扩张、创造和消灭等内容。根据游戏节奏,策略游戏可以分为回合制策略游戏和实时策略游戏。

2.5.1   回合制策略游戏

回合制策略游戏(Turn Based Strategy Game,简称 TBS)是较为早期的策略游戏类型,例如象棋、军棋等,玩家必须等待对方完成一步棋之后才能操纵己方棋子,存在己方回合与对方回合的状态。在电子游戏发展初期,计算机的计算能力较弱,难以实现实时对战,而回合制则成为了一种较为合适的设计方案。与棋类游戏相似,当敌人完成行动之后,玩家才可以执行己方操作,在游戏过程中敌我双方交替行动。

由于在游戏中玩家几乎有半数时间处于等待状态,因此 TBS 游戏的节奏较为缓慢,经典作品有《三国志》系列、《英雄无敌》系列、《斯巴达人》等,回合制策略卡牌游戏《炉石传说》也属于此种类型,如图 2-23 所示。

2.5.2   实时策略游戏

实时策略游戏(Real Time Strategy Game,简称 RTS)强调玩家所有的活动均为实时操作,如果仅作战环节为实时操作,而资源采集环节是回合制操作,则不能称之为实时策略游戏。

在此类游戏中,战斗过程一般较为激烈,敌我双方同时紧锣密鼓,与时间赛跑,最后只有一方可以取得胜利。也就是说,RTS 游戏没有明显的回合性,当某个玩家进行策略或战斗操作时,对方的相应活动也在同时进行;不会因为单方玩家没有操作而影响对方的操作。

图 2-23　回合制策略卡牌游戏《炉石传说》

通常来说，实时策略游戏包括资源采集、生产、后勤、领域拓展和战斗等环节，资源管理与战争策略是此类游戏的重要因素，玩家的主要活动为对资源的合理利用、构建并发展自身的领地、建立军队、向敌方进攻。

经典的实时策略游戏有《星际争霸》系列（如图 2-24 所示）、《魔兽争霸》系列、《命令与征服》系列、《帝国时代》系列、《全面战争》系列等。

图 2-24　实时战略游戏《星际争霸》

早期的策略游戏参与人数较少，而如今的策略游戏的主要乐趣之一即为多人联机的战斗过程。在游戏中，玩家们既可以结成同盟，也可以反目成仇；既可以联合多个部落将敌人消灭，也可以在联盟期间击杀同盟部落。在游戏中，玩家利用物物相克的方式制定作战计划，因此策略游戏的主要特点在于熟悉己方所有物，并结合敌人的特点制定详细、周密、合理的作战计划。

此外，在游戏设计方面，策略游戏较其他游戏而言需要更优的平衡性，每一方的可用资源和攻击性物品即使不相同，但它们的组合功效也应该较为相似，物品和物品之间的相生相克也应该总体维持在一个稳定的水平，如果数值平衡出现问题，例如某一种武器的攻击效能无法被阻挡，那么战斗策略将难以制定，玩家对游戏机制将产生质疑与不信任，此游戏也难以收获更多的玩家。

2.6 模拟游戏

模拟游戏(Simulation Game，简称 SIM)是通过电子游戏模拟现实生活中的某个方面或某种内容的游戏。仿真程度不同的模拟游戏也具备不同的功能：高仿真度的游戏可以用于专业知识的训练，提高用户对技能的熟练程度、数据分析或情况的预测能力等；而较低仿真度的游戏则可以作为普通的娱乐方式。

此类游戏是一种广泛的游戏类型，较为常见的子类有模拟经营游戏、交通工具模拟游戏、模拟养成游戏和模拟恋爱游戏等。

2.6.1 模拟经营游戏

模拟经营游戏是过程性游戏，玩家的目标不是击败敌人或提升主角的技能和等级等，而是在随着时间不断动态变化的虚拟环境内创造事物、管理事物的发展、制定好的经济政策，并使自己控制的局面不断发展壮大。同时，此类游戏通常没有明确的结束标志或胜利条件，和角色扮演游戏的剧情结束或者动作游戏的"通关"不同，模拟经营游戏可以进行尽可能长的时间，只要玩家还希望继续"经营"下去，甚至即使玩家处于"失败"状态，例如财政赤字等，游戏依然可以持续进行。

一般而言，模拟经营游戏含有两套机制，即创建和管理。创建难度较低，玩家拥有一定的资源即可升级已有的装置或购买、建立新的事物；而当玩家管辖的体系逐渐扩大后，则需要思考如何规划和管理，使局面能够不断稳定地朝着理想的方向发展。

例如经典游戏《模拟城市》(SimCity)系列，如图 2-25 所示，玩家扮演市长的角色，用以建设的资源为金钱，首要任务是将土地规划为居民区、商业区和工业区，市民的居住能带来

图 2-25 模拟建设类游戏《模拟城市 5：未来之都》

税收收入,从而使玩家的资源不断增加。然而市民的生活需要电力和水,而运营发电站以及供水局将持续消耗资金;同时,市民从居民区去往商业区购买物资或到工业区工作,均对公路和交通运输设备有较高的要求,玩家应建立高效的交通网,努力避免道路发生拥堵;此外,当城市人口不断增多时,市民将要求建设更多的高级设施,例如飞机场、体育馆等;工业区容易发生火灾,居民区和商业区的犯罪率较高,玩家需要合理安排消防局、医院以及警察局的分布;提高税收将获得更多的资金,但会影响"市长"在市民心中的印象,甚至降低市民的支持率,当玩家不能满足市民的要求后,市民可能会搬离城市。

　　类似于《模拟城市》,在此类游戏中,玩家通常扮演造物主、领导者或管理者等,例如农场游戏中的农场主、餐厅游戏中的店长、部落游戏中的首领等,玩家在虚拟环境中会身处较高的地位,而模拟经营游戏的主要乐趣也来自玩家领导欲望的满足以及管理经营和创造带来的成就感。经典作品还有《铁路大亨》《足球经理》《主题公园》等。

2.6.2　交通工具模拟游戏

　　交通工具模拟游戏通常模拟汽车、机车、轮船、飞机、坦克或宇宙飞船等,此类游戏通常较为逼真,模拟交通工具的外形、交互硬件、设备的性能,驾驶过程中交通设备与周围环境之间的物理特效都和现实中的交通工具十分相似,如图 2-26 所示。

图 2-26　游戏 *Microsoft Flight Simulator* 2004 的飞机驾驶室表盘

　　交通工具模拟游戏尤以模拟汽车驾驶的类别最为流行,该类别已经发展成为一大类别,被称为赛车类游戏(Racing Game,简称 RAC),指玩家模拟驾驶汽车、摩托车等交通设备,在具备一定复杂程度的地形中高速前进,尽可能地磨炼"驾驶"技艺、躲避障碍、提高速度、缩短完成赛程的时间,以不断刷新个人纪录并超越对手为目标的游戏。

　　现实生活中多数人懂得驾驶汽车,但普通人很少能够体验以 200km/h 的速度飞驰的感受,也难以做用甩尾漂移等高难度动作,RAC 游戏则为玩家提供了体验真实赛车的可能性。

　　大型赛车游戏通常较为逼真,和现实紧密相连,赛道和周围场景的风格、驾驶设备的外形、性能、引擎声音以及运动过程中的物理效果都将尽可能地还原真实世界,这些因素加强了玩家对游戏的佯信程度。同时,在竞赛过程中,玩家需要对周围车辆和障碍物做出敏锐反应,熟悉地图和地形,具备娴熟的操作技能——明确何时加速、何时利用漂移攻弯、方向改变的剧烈程度大致如何等。当超过其他车辆并保持领先状态时,玩家将感受到强烈的成就感和舒畅感(正面情绪);而一旦由于操作失误导致落后,玩家则将立刻进入紧张和气愤(负面情绪)的状态中,正负情绪的交替使玩家长时间保持对游戏的高度沉浸,而不少游戏还将在玩家高速驰骋时随机播放快节奏的背景音乐,以再度加强游戏带来的愉悦感受。

　　赛车游戏属于易于上手而难于精通的游戏。在真实世界中往往只有职业赛车手才能够胜任的动作在游戏中仅需要操作几个按键(PC 游戏中),然而这些组合按键的执行时机和时间长度却需要玩家反复进行游戏并锻炼。此外,赛车游戏富于变化,它们不仅提供给玩家丰富的内容和多种游戏模式,并且每一次竞赛和挑战的过程都是全新的——赛道上的普通车辆均随机出现,而每次竞赛时的个人操作和其他对手的状态也均有差别,十分考验玩家的实时应变能力,因此玩家能不断获取新鲜感,并且在多个模式中收获不同的乐趣。例如著名赛车游戏《极品飞车》(*Need For Speed*,简称 NFS)系列,如图 2-27 所示,其提供"竞赛""警匪""飙车""街头竞速""非法飙车"多种游戏模式,在该系列的部分作品中玩家还可以选择扮演车手或者警察,除在赛道上超越其他跑车获得优秀成绩外,玩家还可以挑战驾驶警车追捕嫌犯的任务。"多变"这一因素增强了赛车游戏的重复可玩性,而玩家在心流状态下挑战自我获得的成就感及愉悦感则是优秀赛车游戏成功的关键。

图 2-27　赛车游戏《极品飞车 14:热力追踪》

　　此类游戏在发展初期是作为驾驶员的专业训练工具的,飞机或坦克等交通设备的造价非常高昂,对于经验尚缺的驾驶员而言,使其贸然体验真实机器无法保障驾驶员的生命安全,而交通工具模拟游戏则是一种更加经济、便捷且安全的训练方式。之后这种仿真系统逐渐被引入游戏,玩家在真实世界中难以获得驾驶大型交通工具的经历,却能通过游戏寻找驾驶的乐趣。

2.6.3　模拟养成游戏

　　在模拟养成游戏中,玩家通常需要在游戏中培育和抚养特定的对象,例如宠物养成游戏,游戏的可玩性主要在于保护、训练、养育一些美好可爱的动物。养成的对象可以是现实生活中的常见动物,也可以是想象中的事物,例如外星人。

　　以宠物养成游戏为例,宠物基本的生理需求,例如清洁度、饥饿程度、口渴程度等,在游戏中一般以进度条和客观数据的方式显示,玩家可以通过虚拟货币购买相应的生活物资,并时常进行喂养或清洗,以解决宠物的日常需求。

　　此外,虚拟宠物具备一定的人工智能,它们会模仿现实世界中相应生物的动作,并通过行为表达情绪,玩家可以通过观察了解电子宠物的感情,并使用各种方法与其交流以影响它的情绪。同时,宠物也需要和其他同类动物交流,玩家必须培养它的社交能力,拥有和其他动物的良好关系有助于提升宠物的魅力值或友好度等。通常对于较为复杂的交互,如训练宠物、让宠物与其他动物玩耍等,都可以提升宠物的经验值,而随着经验值的提升,玩家可以购买更高等级的道具,例如精美的宠物装饰品、粮食存储器或宠物房屋等。

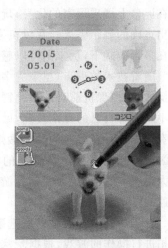

图 2-28　宠物养成游戏《任天狗》

模拟宠物养成游戏没有试图战胜对手、取得竞赛胜利或解开谜团等要素,此类游戏的休闲和轻松程度较高,玩家的娱乐体验来自于观察宠物的动作和与宠物交互,虽然电子宠物并非真实,但玩家可以通过与宠物的"接触"使其健康、快乐地成长,久而久之将对其产生感情,不少宠物养成游戏可以在智能手机、平板电脑或掌上游戏机上运行,这些平台多数具备触摸屏幕,虚拟宠物也将根据玩家的手势做出相应的动作,如同玩家真正"抚摸"宠物一样,图 2-28 为经典宠物养成游戏《任天狗》。

2.6.4　模拟恋爱游戏

在模拟恋爱游戏中,日式游戏居多,此类游戏将恋爱作为题材,在游戏的虚拟世界中,玩家将扮演一个角色,体验一段与虚拟异性的恋爱故事,如图 2-29 所示。模拟恋爱游戏在故事剧情方面的夸张程度较低而写真程度较高,部分作品具备一定现实世界的恋爱观指导功能。在游戏中,人物之间的情感关系(如好感度和心情值等)一般通过数据显示,玩家可以通过数据了解对方对自己的情感状况。此外,模拟恋爱游戏很少有故事结局,或者即使结局已经达到,玩家仍可以继续游戏。

图 2-29　模拟恋爱游戏《心跳回忆》

2.7　其他类别

2.7.1　舞蹈和音乐节奏游戏

这类游戏是一个较新的子类,挑战玩家的操作技术和节奏感。舞蹈类游戏的典型设计为在屏幕上展现玩家的化身,玩家通过输入设备对化身的动作进行操控,使之配合音乐节奏做出正确的舞蹈姿势。在单机模式下,玩家的挑战源自和由计算机控制的角色的实力切磋,而在多人模式下,玩家则可以感受和其他玩家PK的乐趣。

随着技术的进步,越来越多的舞蹈游戏以体感游戏的形式呈现,玩家可以告别抽象的按键操作,在摄像机前真正地跳舞了。如果希望取得更好的成绩以刷新纪录或击败对手,就必须不断磨炼自己的舞蹈技艺,做出更加标准而优美的动作,以及具备更好的身体素质和音乐节奏感。这种在游戏的同时锻炼身体,获得运动和游戏带来的双重愉悦感受的游戏方式受到了广大玩家的欢迎,成为了动作游戏中新兴且发展迅速的一个分支。

音乐节奏类游戏是以所选歌曲为基础,跟随节拍进行操作的游戏,根据玩家操作时与歌曲节拍的契合度进行成绩评定,规则简单且易于上手,但高难度的歌曲往往能带给玩家极大的挑战——需要高度的注意力、敏锐的节奏感以及灵活的操作技术,智能移动设备上的《乐动达人》《节奏大师》《太鼓达人》等游戏均属于这种类型,游戏中包含数量众多且风格各异的曲目,且分为多个难度等级,玩家可以根据自身爱好和能力自由挑选。并且,除单机游戏外,不少开发厂商发布了带有联网功能的音乐节奏游戏,例如《乐动

图 2-30   移动平台音乐节奏游戏《乐动达人》

达人》(如图 2-30 所示),玩家可以查看其他对手的成绩,并且自由选择和他人对战,以获得超越对手的成就感。

2.7.2   益智游戏

益智游戏(Puzzle Game,简称 PUZ)是指能充分激发和锻炼玩家的思维能力以解决难题为目标的游戏。此类游戏通常具备多种不同难度的谜题,能够增强玩家的观察、记忆、判断、思考和推理等方面的能力。

益智游戏具有很长的发展历史,且范围较大,围棋、象棋、扑克牌、麻将以及人们儿童时期喜爱的拼图、七巧板、迷宫、九宫格等,均属于此类游戏的范畴。而在电子游戏时代,很多小型益智游戏直接来源于传统游戏,不过电子游戏则具备更多的乐趣激励机制,例如排行榜、成就机制、道具机制等,为玩家带来了更多的方便,例如电子游戏的扑克牌,计算机能够快速洗牌并按照类别和大小顺序为玩家排列整齐,并且在计算机担任对手的情况下,玩家能独自一人玩得不亦乐乎。

大多数益智游戏的节奏较为缓慢,无须玩家具备娴熟的操作技能,只须冷静思考即可;而部分益智游戏加入了动作元素,形成了新的分支——动作益智游戏,例如游戏《俄罗斯方块》,游戏在拼图的基础上添加了动作元素,成就了这一经典作品;此外,游戏《平衡球》也是动作益智类的优秀代表,玩家不仅需要积极思考过关方式,同时还要小心翼翼地操作,在高难度关卡中,甚至一个按键的操控失误都将导致失败,如图 2-31 所示。

图 2-31　动作益智游戏《平衡球》

　　除了以上所述,益智这一元素在其他不少游戏中也被常常运用,例如 2.7.3 节将要介绍的冒险游戏,其中的解谜即属于益智的范围;一些模拟游戏由于需要玩家思考规划、发展、盈利的方式,也具备益智的功能,例如《模拟城市》等。仔细分析任何一款成功的游戏(尤其是大型游戏),其中都将出现或多或少的益智成分,即便是以考验操作技能带给玩家爽快感为主的格斗游戏,其中的组合按键的对应技能、何种姿势可以防御何种攻击以及预测对手的下一步动作均需要玩家具备良好的记忆力和快速的反应力,勤于思考的玩家在格斗游戏中也将更快地成长。综合而言,游戏的益智性毋庸置疑。在创作游戏的过程中,设计师们也可以充分利用益智这一元素。

2.7.3　冒险游戏

　　冒险游戏(Adventure Game,简称 AVG)是以故事讲述与探索为核心元素的游戏,其大部分可玩性在于解谜。虽然此类游戏也通常融合了动作、经营管理、创造等元素,但它们并非首要活动。AVG 游戏具备一个故事线索并贯穿始末,但和角色扮演游戏不尽相同,冒险游戏更加注重剧情的悬念和流畅。同时,冒险游戏具备角色扮演游戏类型的角色特性,但通常弱化角色的成长和升级系统,AVG 游戏更加强调人物与故事的发展,含有较多的解谜和冒险成分,主角本身的能力强弱不是游戏的重点。

　　早期的计算机冒险游戏多数为纯文本形式,如图 2-32 所示。玩家扮演探索者,当进入一个区域后,屏幕上的文字将提示玩家身处的环境以及各种需要解决的问题或谜题,玩家解决问题后将可以探索新的区域或推进故事剧情等,而紧接着游戏又将呈现新的信息和亟待解决的谜题。此类游戏以解开所有谜题、寻找到所有宝箱或者实现其他与此类似的明确任务为目标。

　　在个人计算机具备图像显示功能之后,越来越多的开发商为冒险游戏加入了画面,AVG 游戏开始快速发展,从 2D 游戏到 3D 游戏,从初期的少量可交互对象到当今的高自由度、高交互性,冒险游戏逐渐获得了广大的玩家群体。一般而言,冒险游戏的节奏较为缓慢,无需精确的操控技巧,CG 动画充分利用电影镜头语言,烘托出紧张、恐怖、悬疑等气氛。随着 3D 硬件的技术进步以及游戏产业的发展,此类游戏诞生了一个新的分支,即将冒险和动

```
low wide passage with cobbles becomes plugged with mud and debris here, but
an awkward canyon leads upward and west.  A note on the wall says:
                        Magic Word "XYZZY"
>w
You are in an awkward sloping east/west canyon.
>w
You are in a splendid chamber thirty feet high.  The walls are frozen rivers
of orange stone.  An awkward canyon and a good passage exit from east and
west sides of the chamber.
>w
At your feet is a small pit breathing traces of white mist.  An east passage
ends here except for a small crack leading on.
Rough stone steps lead down the pit.
>d
You are at one end of a vast hall stretching forward out of sight to the
west.  There are openings to either side.  Nearby, a wide stone staircase
leads downward.  The hall is filled with wisps of white mist swaying to and
fro almost as if alive.  A cold wind blows up the staircase.  There is a
passage at the top of a dome behind you.
Rough stone steps lead up the dome.
>d
You are in the hall of the mountain king, with passages off in all
directions.
A huge green fierce snake bars the way!
>
```

图 2-32　经典纯文本冒险游戏 *Colossal Cave Adventure*

作元素相结合而产生的动作冒险游戏,如图 2-33 所示。

图 2-33　动作冒险游戏《古墓丽影 9》

较之纯冒险游戏,动作冒险游戏具有更快的游戏节奏,融入了更多操作技能的挑战,此类游戏的谜题难度通常低于纯冒险游戏,但突然出现的危险、时间限制、难以消灭的敌人或怪物等更加考验玩家的反应速度和应变能力,为玩家带来了另一番冒险乐趣,虽然很多纯冒险玩家不喜爱动作冒险游戏,但它们却吸引了不少原本不会购买动作游戏的玩家。

思考题

和开发小组成员进行讨论,拟定桌面游戏的基本方向和类别。

第 3 章

游戏案例分析

3.1 动作：《超级马里奥》

3.1.1 游戏简介

《超级马里奥》（*Super Mario Brothers*）是游戏设计师宫本茂于 1985 年创作的 FC 游戏，又名《超级玛丽》，如图 3-1 所示。

游戏的主角是穿着工装裤的大鼻子水管工马里奥，他为了拯救公主而在一个充满新奇与冒险的卡通世界中穿梭。游戏一反当时灰暗像素的美术风格，采用了蓝天、白云等明亮多彩的素材。玩家可以控制马里奥跑或者跳，并在其变身后发射子弹以克服各种障碍。

这款游戏从上市至今一直深受玩家喜爱，销量超过 4000 万套，成为了家用 FC 的一款必备游戏。

3.1.2 游戏分析

《超级马里奥》在看似简单的设计中不乏对游戏机制与系统的精心构建。《超级马里奥》的设计亮点主要有以下几个方面。

1. 丰富流畅的动作元素

《超级马里奥》包含丰富的动作元素，玩家的大部分时间都花费在了移动与躲避上。因此，该游戏可以被看作是一款以动作为中心的平台游戏，如图 3-1 所示。

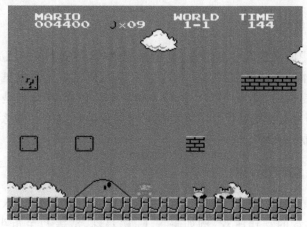

图 3-1 《超级马里奥》（*Super Mario Brothers*）

《超级马里奥》的场景设计和动作息息相关。根据游戏动作的需要,游戏空间被划分为上、中、下三部分,不同的空间将改变游戏的动作和玩法。

在游戏的初始阶段,角色无法跳得很高,但可以通过跳跃或踩敌人的头化解危险,此时玩家的游戏动作以跳跃为主;当玩家获得奖励后就会改变角色的活动范围,角色向上的活动能力增强,甚至可以通过跳跃和顶的动作打破障碍物,进入之前无法进入的区域。此时,玩家的游戏动作会加入顶、蹲等更多元素。除此之外,玩家还可以选择冲刺、连跳和游泳等。

《超级马里奥》为玩家提供了丰富可选的动作元素,同时还设计了一系列组合动作以增强游戏的乐趣。例如在每一关结束时,玩家很难直接跳跃至旗杆顶端获取最高奖励,必须通过一小段冲刺才有可能达成;而每当玩家跳起来踩乌龟时,都需要在落地时连跳一下才能将乌龟壳踢走……这些动作组合会随着关卡的推进和角色形态的改变而变化——游戏的节奏时而紧张刺激,时而轻松愉快,演变出丰富的游戏体验。

2. 无处不在的探索

《超级马里奥》的另一个重要元素是探索。

游戏采用横版卷轴式的镜头移动方式,增加了游戏中未知场景的神秘性;而游戏中的管道设计打破了常规的线性设定,大大刺激了玩家的探索欲望。

不仅如此,游戏中的管道还可以作为中间区,让玩家在管道世界中为下一场战斗做准备,或者也可以作为放松的安全区。如此一来,轻松与紧张的节奏相互更替,使玩家产生张弛有度的游戏体验。

3. 及时的激励机制

动作和探索让《超级马里奥》拥有丰富的趣味性,但游戏中更能激励玩家继续游戏的是散落在游戏中的各种奖励,如金币、蘑菇等。

金币虽然不能帮助玩家赢得胜利,但玩家会基于直觉追逐金币,从而有节奏地跳跃、连续地得分,形成一种积极的激励循环。

关卡结束时,到达旗杆顶端获取最高分也是一种奖励。作为通关奖励,它不同于收集零碎的金币——玩家到达顶峰的一瞬间可以释放积攒的压力,获得数倍于平时的成就感。

4. 充满童心的世界观

《超级马里奥》中的诸多设计都充满了纯真的童趣,这与宫本茂的童心不无关系。据说,游戏中的场景与宫本茂儿时钻水泥管玩耍的经历有关,而主人公马里奥的名字则来自任天堂曾租用的仓库的房东的名字。游戏中的公主的名字是碧奇,实际上是宫本茂最喜欢的水果"桃子"的译音,而食人花则是借鉴了宫本茂儿时居住的村口的一条恶狗的名字。游戏处处凸显着这位游戏制作大师可爱的童心。

3.1.3 小结:动作元素

动作是游戏中最朴素、最原始、最受欢迎的表现形式。千百年来,人们不断寻求有趣的运动方式,积淀了大量的动作游戏,例如踢毽子、踢足球、滑雪乃至角斗等,都具有悠久的历史。

到了现代,游戏演变为数字化的形式,游戏设计师需要悉心设计游戏中的各种动作元素。总结认为,动作元素的设计要素主要在于两点:动作的重复可玩性和操作的流畅性。

首先,重复可玩性是指游戏中的动作值得玩家反复练习,可以通过练习不断提高技巧。具体来说,动作元素可以有多种多样的变化,如躲避、捕捉、射击、飞行、格斗等。这些元素可以通过组合交替使游戏在节奏、战术和形式上产生丰富的变化,就像《超级马里奥》中的各种动作组合一样。

其次,游戏的动作应该流畅自然、一气呵成。设计师在摆放游戏中的道具与障碍物时需要重点考虑玩家的运动轨迹和操作习惯,尽可能地使各个关卡元素相互配合,形成流畅的动作曲线。再加上自然的交互和及时的反馈,动作元素的魅力就可以被表现得更加淋漓尽致。

另外需要注意的是,动作元素往往对于即时反馈有着很高的要求。著名的**斯金纳箱实验**在一定程度上说明了这一点。

斯金纳箱是为研究操作性条件反射而设计的实验设备。箱内放入一只白鼠或鸽子,并设置一个杠杆或按键,箱子的构造尽可能地排除一切外部刺激。动物在箱内可以自由活动,当它压杠杆或啄按键时,就会有一些食物掉入箱子下方的盘子中,动物就能吃到食物。实验发现,动物的学习行为是随着一个强化作用的刺激而发生的。斯金纳通过实验进而提出了操作性条件反射理论。

人类同样具备这种操作性条件反射。在动作类游戏中,如果设计者能够给出即时的正向反馈,就可以有效地激励玩家进行持续性的游戏——攻击小怪时头上飘出的数字、出招的音效、角色华丽的招式特效都会给玩家提供最为直观、即时的反馈,而这些反馈会给玩家带来对游戏的可控感。

3.2　目标:《俄罗斯方块》

3.2.1　游戏简介

《俄罗斯方块》(*Tetris*)是由阿列克谢·帕基特诺夫设计的娱乐游戏,于 1984 年在美国发布。《俄罗斯方块》的名称源自希腊数字前缀 tetra-(意为“四”)和帕基特诺夫最喜欢的运动 tennis(网球)。

这款历经 30 年的游戏可谓风靡世界、家喻户晓。《电子游戏月刊》在 2007 年将《俄罗斯方块》列为“最伟大的 100 个游戏”中的第 1 位。截至 2009 年,《俄罗斯方块》已售出逾 7000 万套。同时,《俄罗斯方块》也保持着平台移植次数最多的吉尼斯世界纪录:截至 2011 年,《俄罗斯方块》已经在 56 种平台上运行过。

3.2.2　游戏分析

《俄罗斯方块》问世之后,市场上陆续出现了各种衍生版本,即使在次世代游戏盛行的今天,人们依然能在游戏商店中找到《俄罗斯方块》。为何一款看似朴素的游戏能够大获成功?分析认为,该游戏的成功离不开以下几个方面的因素。

1. 操作简单易上手

《俄罗斯方块》(1984 年版)为玩家提供了 7 种形状的方块,在游戏开始后,方块在屏幕顶端随机出现,并以一定速度持续下落,当下落到屏幕底端或者其他方块上时,则停止下落。玩家可以对方块进行旋转和平移,当某一行被方块填满且没有空隙时,该行被消除,同时玩家获得积分;当方块堆积到屏幕顶端时,游戏结束。

由于方块的下落和消除类似重力现象和堆积木,符合人们在现实生活中的日常经验,因此新手玩家也能很快上手操作,从而避免了玩家因学习时间过长而放弃游戏的情况。

2. 动作与益智相结合

《俄罗斯方块》作为一款在游戏中加入了大量动作元素的益智游戏,这是独一无二的创举。试想,如果没有方块的变换,而是直接让玩家进行拼图,那么游戏的乐趣将大打折扣。动作元素的融入提升了《俄罗斯方块》的游戏难度和挑战乐趣,并且随着时间的推移,方块下落的速度越来越快,玩家会因为紧张而导致操作失误。因此玩家必须集中精力、快速思维,提高手脑配合的能力,这就大大提高了这款游戏的重复可玩性。

3. 丰富的变化

围棋和象棋之所以经久不息,一个重要原因就是每一局棋都有变化:和不同的人对弈或者在不同时间对弈都能演绎出全新的棋局。因此,虽然二者规则简单,但几千年来人们总结出的战略技巧却数不胜数,棋士也能不断挑战新的棋局,因此不会产生厌烦的感觉。多样性和变化性是游戏产生重复可玩性的重要因素。

而《俄罗斯方块》就像是由方块构成的棋局。掉落的方块从屏幕顶端随机刷出,玩家必须随机应变、作出决策。因此即便是"身经百战"的高手也不会经历第二次完全一样的情形,更难以通过记忆提高成绩。正因如此,《俄罗斯方块》才能不断地刺激玩家,持久地吸引玩家。

在《俄罗斯方块》中,人们看到的更多的是积木顺序的多样变化。这种变化由程序自动产生,也就是人们常说的随机事件。这种类型的设计主要依靠程序对于自然界各种概率性事件的模仿。

4. 出色的情感体验曲线

游戏中,方块的堆积会让玩家产生压力并感到焦虑,而当它们被成功消除时又能瞬间释放部分焦虑,给玩家带来愉悦感和爽快感。当一次性消除多行方块,甚至消除全部方块时,玩家获得的成就感就会变得十分强烈,这是激发玩家持续游戏的主要因素。

在游戏中,玩家的情绪一直在焦虑和释放两者之间往复,形成有节奏的情感曲线,避免了玩家因压力过大(难度太高)或者过于轻松(难度太低)而选择放弃游戏的情况。

同时,游戏将自动记录玩家的历史成绩,为了追求更高的分数,玩家会再次进行挑战。每当他们成功刷新纪录时,也能体会到强烈的成就感。

5. 富有挑战性

游戏难度是影响玩家游戏体验以及玩家与游戏系统的直接因素,是决定游戏是否能让玩家产生心流体验的重要因素。游戏难度是一个相对参数,它的设计取决于游戏主题,就如同《风之旅人》在整个游戏过程中并没有表现出过高难度,而《生化危机》则对玩家的反应和操作都有一定的要求,这两部作品所强调的重点并不相同,其难度设计与其他部分的设计相互联系。同时,游戏难度也是动态的,会随着玩家的熟练程度而降低,所以设计者在为玩家设计挑战时需要考虑玩家的动态成长曲线。

在《俄罗斯方块》中,玩家持续游戏的时间越长,方块掉落得就越快且刷新时间间隔越来越短,直至玩家来不及思考就必须做出决定。虽然《俄罗斯方块》没有规定游戏时长,但玩家在某一个时刻一定会失败,而他们不断经历"确定的失败",只是为了挑战自我和突破纪录——玩家能够得到的分数是没有上限的。

这的确是一款没有终点的游戏,至今也没有玩家彻底击败过《俄罗斯方块》。但这也是《俄罗斯方块》的挑战性所在,这种挑战性成功地俘获了无数玩家的热情。

3.2.3　小结:目标元素

这里的目标指游戏中需要玩家完成的既定目标,其设计的关键在于清晰、鲜明、难度适中。目标的意义是让游戏内容变得更加明确并富有挑战性,在促使玩家为之努力的同时,适时反馈给玩家以成就感。

当然,不同类型的游戏对目标的设定也不尽相同,因此游戏的目标设计有多种风格,可以循序渐进,也可以开门见山。明确、合理的目标设计不仅不会使玩家轻易产生乏味感,还能激励玩家持续游戏。

就像在《俄罗斯方块》中,玩家的注意力高度集中于如何消除下一行方块,正是有了这种清晰的目标激励,玩家才会乐此不疲地重复着消除方块的行为直到游戏结束。

另外,需要注意目标元素的差异性。游戏中的目标不应该是同质化的,不同性质的目标有不同的设计侧重点。一般的,按照游戏的主题和玩法,可以将目标划分为长期目标和短期目标。

1. 短期目标设计

短期目标的设计重点在于激发玩家的操作乐趣,关注当下和瞬时的游戏体验。例如跳过眼前的跳台或击中前方的怪兽。目标之间最好能够循序渐进、互相连接,让玩家随时都能体验游戏的乐趣。短期目标使得玩家能够及时获得奖励,对游戏产生持续的关注和兴趣,以激励玩家继续游戏。

2. 长期目标设计

长期或者中长期的目标可以吸引玩家持续游戏直至游戏结束。例如在角色扮演类游戏中,游戏开场时往往以动画的形式向玩家展示故事的背景,交代玩家所肩负的使命和最终目标,这种使命伴随着游戏的整个过程,游戏的剧情也以此目标发展,从而增强玩家完成游戏的决心。

在一些休闲类小游戏中,设计者同样也可以给出游戏的中长期目标。例如在《愤怒的小鸟》中,玩家可以看到游戏所有关卡的数量,并会将此作为游戏的长期目标去实现。虽然玩家无法在短时间内完成长达好几页的关卡目录,但是可以通过长时间的积累,最终通过所有关卡,达成游戏的长期目标。

3.3   群聚:《狼人杀》

3.3.1   游戏简介

《狼人杀》又名《狼人》,是一款多人参与的以语言描述推动的策略类桌面游戏。通常需要8～18人参与,游戏通过玩家口头表述自己的身份,并由其他玩家进行分析表决进行。

《狼人杀》中角色扮演的成分很高,表现为其复杂严密的身份系统。游戏通常将玩家分为两大阵营——狼人和好人;好人方以投票为手段分辨出所有狼人即可获取胜利,而狼人方则隐匿于好人中,靠迷惑对方并消灭对方全部成员获取胜利。

《狼人杀》作为一款桌面游戏频繁地出现于各种线下社交场合,无疑拥有独特的魅力。图3-2为该游戏的游戏场景。

图 3-2   《狼人杀》游戏的游戏场景

3.3.2   游戏分析

《狼人杀》作为一款拥有线上版本的游戏,为何其线下版本却备受玩家的青睐呢?分析认为,《狼人杀》的独特魅力主要包括以下几个方面。

1. 真实生动的互动体验

反馈显示,自线上版《狼人杀 online》推出至今,大多数玩家还是更偏向于线下的桌游版本,这是由《狼人杀》的特别核心机制——发言机制所决定的。

一般情况下,《狼人杀》的游戏环节包括发言和投票两个环节——整个游戏以语言作为载体,以投票作为结果。其中,发言是重中之重,在游戏中,语言拥有双重意义——既是游戏的核心玩法,又是玩家之间的互动形式。

玩家发言时的语气、声调甚至表情的微妙变化,都能产生线上游戏难以企及的效果。通过面对面的交流,语言达成了双重功效——扮演角色的代入感和紧张感,以及识破对方身份的优越感和成就感。

《狼人杀》是一款以人为分析对象的策略游戏,其乐趣来自于人与人的互动,而其最大的特点与优势在于提供给玩家真实生动的社交体验,这种体验来源于游戏本身的玩法设计。

在目前人机交互局限性较强的情况下,只有面对面的互动才能为《狼人杀》的玩家带来最真实和生动的互动体验。

2．逻辑思维的挑战与玩家之间的对抗

通常在《狼人杀》的游戏过程中，最引人入胜的部分就是倾听其他玩家的发言，并用逻辑思维寻找破绽。这一过程看似平静，实则充满挑战性：玩家必须尽可能地利用严密的思维进行分析，并尝试发现其他玩家的逻辑漏洞。

除了挑战玩家自身的逻辑思维能力之外，玩家之间的对抗在面对面的线下游戏中显得格外富有挑战性。

3．多变的游戏策略组合

作为一款策略类角色扮演游戏，《狼人杀》和其他同类游戏一样，让玩家拥有一系列资源（身份和技能），并让这些资源相互组合，产生复杂多变的游戏过程。

灵活的资源组合赋予了游戏更丰富的变化性，玩家很难一眼看清当下的情形。例如有时狼人玩家会选择自动出局为同伴做掩护，而好人玩家则会以损害自身利益验证自身的猜想。因此玩家必须通过细致入微的观察和滴水不漏的逻辑发现和识别不同的玩家意图，最终拨云见日。

在游戏过程中，自始至终的一系列判断将给玩家带来连续的紧张和压力，如果玩家的推理得到证实，那么紧张和压力便会转化为成就感。

总体来看，《狼人杀》和传统的策略游戏一样拥有丰富多变的策略组合，但它更强调生动的社交互动体验，而目前的电子游戏还很难创造出这种生动真实的社交互动体验。

3.3.3　小结：群聚元素

群聚指两个及两个以上的人聚集在一起的状态，它与其他游戏性元素相比更加富有人情味，更加灵活多变。玩家之间的互动不仅限于对战和博弈，更有可能催生出合作和交流，甚至更加微妙和细腻的形式。

如今的网络游戏已经拥有了丰富的虚拟社交系统，然而在面对各种"面杀"桌面游戏时，网络社交仍显乏力——虚拟社交系统能让玩家获得存在感，但很难让他们对游戏世界产生归属感而长久地聚集起来。群聚元素则可以帮助玩家获得归属感，进而加深玩家对游戏世界的认同，延长游戏的生命周期。

目前看来，群聚元素在桌面游戏中运用得更为广泛，随着技术的发展，相信群聚元素在数字游戏中也将起到越来越重要的作用。

3.4　策略：《星际争霸》

3.4.1　游戏简介

《星际争霸》原名为 *Starcraft*，是暴雪娱乐公司于 1998 年推出的即时策略游戏，最早运行于 Windows 系统平台，如图 3-3 所示。

《星际争霸》虽然不是第一款即时策略类游戏，但却集中和发展了此类游戏的核心优势，成为了最经典的 RTS（即时策略游戏）之一。该游戏历时数十载，在核心玩家群体中有着广泛的影响。在韩国,《星际争霸》可谓历久弥新,甚至发展出职业的游戏比赛。大量职业游戏赛手在电视联赛上进行对抗,赢得了很高的知名度。

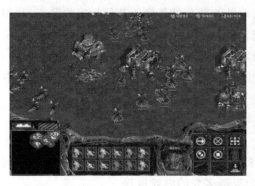

图 3-3　《星际争霸》(*Starcraft*)

《星际争霸》采用科学幻想题材,描述了 26 世纪初期位于银河系中心的三个种族在克普鲁星际空间争夺霸权的故事。这三个种族分别是地球人的后裔人族(Terran)、一种进化迅速的生物群体虫族(Zerg)以及一支高度文明并具有心灵力量的远古种族神族(Protoss)。这三个独特的种族的创新设计得到了玩家的一致肯定,如图 3-4 所示。

图 3-4　《星际争霸》中的种族

3.4.2　游戏分析

《星际争霸》为玩家提供了一个相互对抗的战场,在这个战场中玩家可以操纵风格迥异的种族,在特定的地图中采集资源、生产兵力、摧毁对手的所有建筑,并以此取得胜利。游戏允许玩家自由组队,参与人数的上限为 8 人。

分析认为,《星际争霸》的成功得益于以下几个方面的设计。

1. 紧凑的游戏节奏

《星际争霸》的游戏元素是经过有意识地提炼的。在玩家精力有限的情况下,设计者巧妙地精简了现实战争涉及的、对可玩性影响不大的冗余元素,例如漫长的时间消耗和复杂的天气变化;转而将剩下的元素浓缩为少数几种可以组合利用的游戏资源,如矿产、兵种和科技树。这种浓缩抽离出了现实战争的核心要素,加快了整个游戏的节奏,让整个游戏变幻莫测、扣人心弦。

另一方面,设计者将游戏资源对战争的影响进行了夸张和放大,以至能够影响整个游戏局面,聚焦并突出了游戏的重点。

2. 多变的技巧要求

《星际争霸》中的三个种族各自拥有不同的战斗风格及优势,并且彼此牵连、相互克制。例如虫族的机动性好、扩张能力强、战略转型速度快;但其前期战力不强,制胜的关键是如何在形势转换中扩大优势。而神族的耐性较高、战场兵员充足,需要玩家积累规模优势。

游戏中,不同种族的玩家运用的策略大相径庭,形成了动态多变的局面,增加了游戏的变化性和耐玩性,可谓水无定型、兵无定势,玩家如何针对自身优劣把握时机,随机应变成为了制胜的关键。

3. 良好的游戏平衡性

《星际争霸》的设计者十分注重游戏的平衡性调整,力求每个种族的综合能力基本持平。例如人类灵活性较差、资源消耗大,但士兵和武器的生命值高;虫族可以迅速地发展出大量部队,但没有机械单位且攻击力较低。

基本上,在游戏发展的任何阶段,各种族都处于势均力敌的状态,这种平衡性对于竞赛类游戏至关重要。如果没有优秀的平衡性设计,那么《星际争霸》也难以发展成为一种电子竞技项目。

3.4.3　小结:策略元素

游戏的策略元素主要包括两个方面:管理和竞争。

管理指经营业务或行使权力的活动。将管理元素融入游戏有两个方面的作用:一是鼓励玩家运用谋略进行游戏;二是将玩家置于较高的管理位置,使玩家获得掌控的快感。

竞争则能够有效地激发玩家的积极性。激烈的竞争迫使玩家更加投入地进行游戏,而竞争中的获胜则为玩家带来巨大的成就感与优越感。

同时,由于策略元素需要调动玩家的脑力思考,这关联着玩家的认知、分析和决策能力,所以当游戏中的目标实现时,也能促使玩家产生更高级的情感乐趣。

3.5　社交:《魔兽世界》

3.5.1　游戏简介

《魔兽世界》(*World of Warcraft*)是由游戏公司暴雪娱乐制作的一款大型多人在线角色扮演游戏,它集中体现了大型多人在线角色扮演游戏的大部分共性,可以说是此类游戏的经典之作,如图 3-5 所示。

《魔兽世界》沿用了该公司于 2006 年出品的即时战略游戏《魔兽争霸》的历史背景,但并未沿用其 RTS(即时策略游戏)的游戏模式。《魔兽世界》于 2004 年在北美公开测试,同年

11月21日开始在美国、新西兰、加拿大、澳洲与墨西哥发行。值得一提的是,截至2008年年底,全球的《魔兽世界》付费用户已超过1150万人,成功打入吉尼斯世界纪录,这俨然已经达到了一个大型城市的人口总数。不得不说,《魔兽世界》确实成功地创造了一个拥有稳定"居民"的在虚拟空间自行运转的虚拟世界。

3.5.2 游戏分析

分析发现,《魔兽世界》有三点最为核心的设计优势:虚拟世界的营造与平衡、多人互动的社交机制以及能够不断激励玩家的持续性动机。

1. 虚拟世界的营造与平衡

《魔兽世界》的整个世界是针对和围绕游戏性这一核心营造和搭建的。设计者不仅给出了相对完整的故事历史背景,还同时为背景注入了各种引人入胜的文化元素。

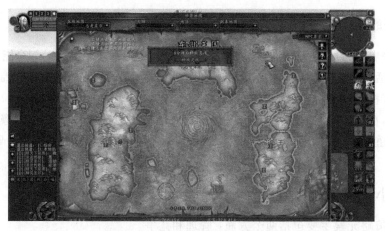

图 3-5 《魔兽世界》的游戏地图

整个游戏框架建立在北欧神话体系以及西方魔幻文化的基础上,同时又融入了非洲部落文化和北美印第安文化的特征,从整体上隐射出现实世界文明的多极化形态,使游戏具备了某种独特而统一的世界观。

在角色设计上,设计师极力追求着多样性与平衡性的统一,多样化的角色隐喻着现实社会中多样化的人格,不同角色之间风格迥异、各有千秋。当这些多样化的人格投射到虚拟世界的多人社区中时,便自然而然地产生碰撞,激发出无尽的群聚乐趣。

2. 多人互动的社交机制

《魔兽世界》的第二个设计重点是面向多人的社交机制,如图3-6所示。

游戏中,玩家可以独立完成一些初级、简单的任务,但一些中高级的任务往往需要多人配合共同完成。可以说,《魔兽世界》的设计师在极力地为虚拟社区的居民创造相互接触和交流的机会。

其中,最典型的设计是公会机制。玩家可以通过公会与其他玩家进行信息交流、财富流通和贸易;同时,由于高频率的团体任务,加入公会成为了大部分玩家的不二选择。公会的

图 3-6　《魔兽世界》中的玩家社区

组织者也会自发地组织各种活动,主动提高整个团体的战斗力和凝聚力。这种虚拟的集体关系使玩家在不知不觉中进一步认同了游戏的虚拟世界:在游戏中获得存在感,进而对游戏产生了归属感,甚至将虚拟关系带入现实中去。

一些核心玩家在现实生活中依旧保持联系的情况并不少见,而且越来越多。从某种程度上说,《魔兽世界》超越了普通游戏的概念,逐渐融入了玩家的现实生活,成为他们难以分割的一部分。

3. 激励玩家的持续性动机

《魔兽世界》的第三个设计亮点在于其能够不断激励玩家的持续性动机。

在游戏中,除了角色的等级提升之外,设计者还会故意延长一些任务所需的时间,甚至有些任务需要大型团队共同工作数月才能完成。

另外,设计者为玩家提供了琳琅满目的装备和道具,在游戏的过程中,玩家往往会为了获得更好的装备和更高的游戏能力而投入大量的时间与精力。这对于点卡收费形式的游戏来说,也在无形中为开发者创造了商业利润。

3.5.3　小结:社交元素

这里的社交指游戏中玩家之间、玩家团体之间的互动,包括玩家通过既定的游戏机制传递信息、交换信息以达到某种目的的各项活动。

对于大多数游戏,尤其是网络游戏来说,社交元素至关重要,良好的社交性是网络游戏生存的根本。社交性产生于游戏中的社交系统,包括常见的好友、聊天、组队、竞技、公会、交易、师徒等。游戏就像一个独立的小世界,社交元素的存在增强了玩家对游戏的依赖性,让这个虚拟世界更加人性化与个性化。

但是,需要注意游戏的社交系统并不是单纯的组队、添加好友等各种功能的组合。设计师在社交元素的设计中应该更多地思考,游戏中的社交有没有与玩法紧密结合,促成"玩法—社交"的良性循环。例如最基本的聊天系统,它的存在不仅在于实现玩家之间简单的交流,还可以实现发送装备图鉴、发送坐标地址等功能;公会也是社交元素的实现形式,但玩家需要的并不是一个形式上的组织,而是隐藏在公会元素背后的团体、阵营战、公会成就等游戏玩法。如果社交功能没有和游戏内容很好地衔接起来,那么这些功能将无法发挥任何作用。

正所谓"独乐乐不如众乐乐",对于现代游戏来说,社交元素是非常重要的一环。社交元素在虚拟世界中将现实世界的各种人际关系悉数演绎,使玩家的虚拟活动得到了丰富和充实,有利于增强玩家对于虚拟世界的认同感与归属感,从而获得沉浸的游戏体验。

3.6 情感:《风之旅人》

3.6.1 游戏简介

《风之旅人》是由 Thatgamecompany 公司开发的一款解谜类探索游戏,并由 SCE 于 2012 年 3 月 13 日发行,如图 3-7 所示。

图 3-7 《风之旅人》

游戏的主创人陈星汉还创作了《云》《花》和《浮游世界》等多款情感体验十分细腻的游戏,细腻而丰富的情感元素是其作品的共同特点。《风之旅人》更是超越了人们对游戏的传统现象,不仅得到了玩家的感官认同,更引起了玩家的心灵共鸣。这款游戏一经发行便引起热议,并一举获得 2013 年 GDC 的最佳下载游戏、最佳视觉艺术、最佳游戏设计、最佳音效、创新奖和年度游戏 6 项大奖。

游戏中,玩家扮演一名身穿斗篷的旅人在广袤的世界中进行冒险。《风之旅人》让玩家体验探索广袤未知土地的奇妙感觉,颇有一种随风而逝、无拘无束的解脱感。行走在无垠的大地上,编织属于自己的旅程,成为《风之旅人》简单而深邃的主题。

3.6.2 游戏分析

《风之旅人》之所以如此成功,是因为它为玩家创造了前所未有的深刻情感体验,这种体验又进一步激起了玩家的情感共鸣。分析认为,设计师通过以下多个方面的精雕细琢促成了这一体验。

1. 创新的玩法操作

在游戏中,玩家扮演一位徘徊在无尽沙海中的无名旅者。这位旅者以颜色鲜艳但样式朴素的斗篷遮盖全身,看上去像一位准备前往朝圣的教徒。游戏开始后,玩家以跑、跳、滑行等多种形式独自漫步在一望无际的沙漠中。

游戏的操作异常简单——和其他大多数动作游戏一样,左摇杆控制方向。游戏手柄的一个按键用来唱歌,另一个按键用来漂浮。尽管没有任何其他说明,但游戏的主旨却已经在无形中非常清晰地传达给了玩家:寻找旅程的终点。

此外,游戏的另一项创新在于一对一的窄带深度社交,这也是《风之旅人》让无数玩家最为动容之处。游戏中,玩家只能进行单机操作或者随机联机另一名玩家进行游戏,在整个游戏过程中,玩家与同伴之间没有任何文字和语言的交流,这迫使玩家不得不细致地观察游戏中角色的每一个可能进行交互的动作。

通过摸索,玩家通常能快速发现双人滑行、互助攀爬等玩法,更有玩家在雪地中踩出一个爱心的形状送给同伴……《风之旅人》的世界中出现了一幕又一幕玩家们从未见过的"奇迹",每一次的游戏都会给玩家留下满满的情感印记。

2.电影式的经典叙事

这款游戏的游戏体验一定程度上和电影的观影体验相似。《风之旅人》的游戏流程符合好莱坞电影的经典三段式叙述,通过"高—低—高"的方式调动玩家的情绪,如图 3-8 所示。

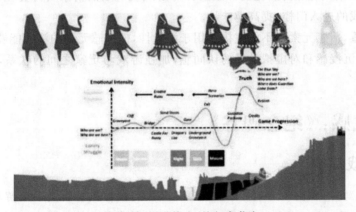

图 3-8　《风之旅人》的叙事节奏

需要注意的是,这并不是在游戏发售之后通过对玩家的实际数据进行分析和总结得来的数据,而是开发团队在制作过程中规划的图表。这说明,良好的情感体验是可以通过设计者的精心规划和设计实现的。

由于游戏内容不包含任何文字,因此在谜题和线索的设计上,《风之旅人》舍弃了传统的文字解说式的引导,转而采用视觉和听觉式的引导,利用不同风格的场景和音乐传达不同的信息。这一手法借鉴了电影的叙事方式,用音画渲染故事的基调和风格。

3.6.3　小结:情感元素

在音乐中,有一种被称为卡农的谱曲方式,所有的声部都相近地分布在不同的音高上一同演奏,这样的乐曲往往拥有强烈的起伏感和循序渐进的情感效果,总体上却呈现出十分和谐的调性。良好的情感体验追求的就是如同乐曲般一气呵成、顿挫抑扬的感受。如同乐曲需要旋律、曲调、引子一样,情感体验虽然对玩家来说是一种完整的体验,但却与许多部分的设计相关。

情感没有边界——无论在现实世界还是游戏的虚拟世界中,玩家的情感都是连绵不断的。到了今天,发展成熟的游戏产业已经不再满足于提供给玩家最原始的快乐,更多作品期待着带给玩家难忘的情感体验,这种情感体验也越来越需要游戏设计师更加关注情感层面的设计。

游戏体验是一个很模糊的范畴,确切地说,游戏体验由不同的设计要素相互作用形成,其中,情感元素与游戏体验的关联可能是最为复杂的:有时情感元素为体验铺路,有时优秀的游戏体验反过来引发玩家的某种情感。

情感本身也是一个复合的元素,它受到叙述、交互、音画等各个方面的影响。传统游戏的情感元素大多借助于游戏的叙事表达、文字解说或过场动画。相信像《风之旅人》一样将情感元素融入美术、音效设计的尝试,在未来还会越来越多。

另外,在游戏玩法合适的情况下,还需要考虑交互方式的设计,这将直接影响游戏的体验。因为交互设计主要关注用户的行为方式及人机关系,它与用户倾向、易用性和情绪因素相关,并涉及游戏的交互模式、操作、反馈、玩家认知等相关细节。选择适合的交互模式不仅需要考虑游戏硬件的局限和优势,还要考虑玩家交互的自然性和沉浸感。游戏的操作方式应更加自然化和语义化:自然化设计主要针对游戏表现层的情景实时交互;语义化操作则是为了降低游戏的进入门槛,提高趣味性。

从表面上看,情感元素并不能直接作用于游戏性,但情感元素的渗入能够增强游戏的深度,增强玩家的沉浸感和对虚拟世界的认同感,加强游戏与玩家之间的联系,带给玩家更高级的游戏体验。

3.7　形式感:《纪念碑谷》

3.7.1　游戏简介

《纪念碑谷》是一款由 Ustwo 公司于 2014 年发行的休闲益智类手机游戏,可以运行于iOS、Android 和 Windows Phone 平台。《纪念碑谷》凭借其独特的魅力风靡全球,甚至被一些玩家和业内人士视为游戏与艺术的结晶。

休闲益智类游戏通常会以一些传统或经典的智力模型为蓝本,素材来源广泛,例如《俄罗斯方块》的设计者受到了俄罗斯民间五角拼图(Pentominoes)的启发而设计出了这款经典益智游戏;《割绳子》是设计者从物理学中的重力、惯性等模型中得到启发而设计的一款休闲益智类游戏。《纪念碑谷》所借用的则是与视觉联系紧密的矛盾空间的原型。

《纪念碑谷》的游戏场地就是手机屏幕大小的窗口。玩家需要通过探索隐藏的小路、发现视觉错觉以及击败神秘的乌鸦人帮助沉默公主艾达走出纪念碑迷阵。游戏规则十分简单,玩家只需要通过扭转几何体使角色到达指定地点即可。

设计者在游戏中提供了多种不同的几何模型,它们以走廊和楼梯的形态隐藏在场景中。这一设计来源于几何学中的各种矛盾空间的原型,例如莫比乌斯环、埃舍尔-不可能物体和潘洛斯三角等,如图 3-9 所示。

玩家通过旋转控制几何体的变化,从而达到一种视觉上的错觉转换,当转换成功时,几

图 3-9　莫比乌斯环与《纪念碑谷》

何体会以一种新的连接方式出现,产生一条新的路线。整个游戏并没有对成功和失败作出明确界定,玩家可以随时保存进度,随时选择继续游戏。

3.7.2　游戏分析

自发行以来,《纪念碑谷》好评如潮,被许多开发者竞相模仿,并惊叹于它精巧而简洁的设计。分析认为,《纪念碑谷》之所以如此成功,主要得益于以下几点。

1. 精彩的视觉体验

《纪念碑谷》的游戏体验主要来源于视觉,这种视觉的冲击不仅包含立体图形所带来的空间变化,也包括游戏中视觉元素的组合形式。

游戏包含了不同的关卡,每个关卡的色彩把握、空间转换与风格设定都不尽相同,让玩家在进行游戏的同时,不仅为矛盾空间的精巧转换而惊叹,也被游戏本身简约却不简单的美术设计所感染,如图 3-10 所示。

图 3-10　《纪念碑谷》的关卡设计

形式上的美在玩法和场景的不同层面上对玩家产生了双重刺激,为玩家带来双重的美的享受。

2．简单的规则与操作

《纪念碑谷》的游戏规则相当简单且浅显易懂，游戏的核心机制就是对立体图形进行转换。游戏的操作也只有点击、旋转、滑动三种，从未接触过的新手也能很快掌握操作技巧。同时，游戏的操作界面采用了极简、扁平化风格的透明浮层设计，清晰简单，不干扰游戏内容和玩家的沉浸感。

3．复杂多样的变化

《纪念碑谷》最引人入胜的地方在于不同场景中隐藏的复杂的变化与丰富的可能性。

虽然每个场景中的元素都是一些简单的几何体，但每个关卡的游戏过程都是独一无二的。因此，玩家的决策只来源于对当前场景的观察与思考。同时，设计者在场景中预设了一些误导元素，让玩家看似拥有多种选择，进一步增加了游戏趣味。

《纪念碑谷》没有分数奖励和竞争机制，以发现和探索新的游戏场景激励玩家继续游戏——随着游戏关卡的不断更新，场景中的立体图形组合变得越来越复杂，玩家找到正确道路的时间也会越来越长，这就是《纪念碑谷》持续性动机的来源——一旦玩家成功找到出路，焦虑感就会被瞬间释放，随之而来的是短暂的成就感，通常也伴随着快感。这两种感受相互交替的过程构成了玩家持续游戏的体验和动机，直到所有关卡结束。

总体来看，《纪念碑谷》的难度并不大，它强调探索的可能性。柔和的画面和优雅的界面设计在视觉上放缓了玩家的心理节奏；加之没有时间和分数的限制，《纪念碑谷》的游戏节奏比同类游戏简约很多，但却更能缓解玩家的压力，消减玩家的心理负担。

更值得提出的是，在这款游戏中，玩家要解决的是视觉问题，这使玩家在游戏过程中必须专注于场景；而在玩家解决问题之后，也可以继续沉浸于优美的场景和静谧的音乐之中，不会出现体验的断层——因为《纪念碑谷》的机制与体验均聚焦于视觉层面，这种玩法和艺术的深度融合正是这款游戏为人称绝之处。

3.7.3　小结：形式感元素

形式感是指通过形式因素而产生的特殊心理感受和情感体验。

形式感元素多寓于游戏内容的情态设计之中。情态设计指游戏机制可以理解的外化意义，是游戏核心概念在机制设计中的进一步细化——情态设计为玩家提供可以理解的有形之物，引导玩家以适当的方式深入游戏。

《纪念碑谷》的核心机制就是对立体图形的运用及视觉错觉。而遍布精美几何图形的游戏场景，再配上空灵的背景音乐，足以使玩家产生静谧、神秘的情感体验，因此说《纪念碑谷》是一款形式感很强的游戏并不为过。

总而言之，形式感元素的设计重在"协调"二字，即游戏中对元素的形式感设计和包装，首先要服从游戏的核心概念，在没有冲突感的情况下，形式感元素的表达才能对玩家起到潜移默化的作用，不仅能使游戏中的情感设计更加直观和纯粹，也更容易给玩家带来美的享受，让玩家沉浸其中。

3.8　沙盒：《我的世界》

3.8.1　游戏简介

《我的世界》的英文名为 *Minecraft*，是一款由 Mojang AB 和 4J Studios 共同开发的高自由度沙盒游戏，游戏最早于 2009 年 5 月 13 日上线，如图 3-11 所示。

《我的世界》是一款沙盒游戏，所呈现的世界并没有华丽的画面与特效，整个游戏没有剧情，玩家在游戏中可以自由建设和破坏。只要像玩乐高积木一样组合与拼凑，就能轻而易举地制作出小木屋、城堡甚至城市。

游戏的主要玩法是让玩家在三维空间中自由地创造和破坏不同种类的方块。玩家在游戏中可以在单人或多人模式中创造精妙绝伦的建筑物和艺术，或者收集物品、探索地图。

图 3-11　沙盒游戏《我的世界》

另外，游戏分为创造与生存两个模式。在创造模式的世界中没有敌人侵略，玩家可以无限制地使用任何方块建构自己的世界，配合丰富的想象力，天空之城、地底都市都能够被实现。

生存模式中玩家能够运用的资源不像创造模式那样可以无限使用，而是必须运用这些方块建造建筑、打造器械抵御怪物的袭击以保护自己，有些方块还可以制作成小船、箱子、采矿车或者轨道等道具。

3.8.2　游戏分析

这款沙盒游戏惊人的销售数据也许只有少量大型网络游戏的市场表现才能与之媲美，在这一方面，《我的世界》甚至超越了很多开发和营销预算庞大的商业游戏。《我的世界》的成功引来不少独立开发者的热议，究竟是什么使这款"其貌不扬"的游戏拥有如此广泛的影响力？

分析认为，这款游戏具有以下几个方面的特点和优势。

1．系统的独特性

《我的世界》是一款极为独特的游戏——建造系统、多人建筑系统、生存系统、锻造系统……不少游戏都分别拥有这些系统，但《我的世界》却将它们融合在了一起。

作为一个近乎完全开放的世界，《我的世界》中拥有多种类型的特色系统，这些系统具有很高的自由度，这同时增强了游戏的可探索性和可玩性。

2．上手难度小，交互性强

许多人在接触一款新游戏时都会遇到阻力，但《我的世界》对于新手来说几乎没有学习阻力，从儿童到中老年人都可以很快上手。

游戏使用最便捷的方法与游戏空间互动——方向键和鼠标。同时，游戏采用了最直观的反馈：每当玩家单击鼠标左键，方块就会在地上砸出一个洞。这两种操作甚至比一些Flash游戏更简单：打开游戏，玩家的首个操作（单击鼠标，在地上砸出一个洞）就已经十分有趣。

3．内容具有深度

《我的世界》所有外露的简单性都隐藏着连续的复杂性——这是一款具有深度的游戏，这正是它在销量上击败其他游戏的原因。

事实上，即使是没有玩过它的人，也很有可能从各种渠道听到《我的世界》的故事，或者看到玩家展示的一些建筑视频，其中不乏有许多让人吃惊的作品——每个玩家都可以创造出独特、惊艳、有趣的世界。每个世界的样貌都来自于玩家自身的想象力和表达方式，承载着玩家的设计与思考，深度由此而生。

4．个性化的创建和传播

《我的世界》最核心的设计是游戏内容的自由创建。

像素化方块的建模方式、逻辑可视化的红石电路、极简化的MOD开发语言Java——这个世界无所不能的前提是极低的入门门槛与友好的学习曲线。因此，玩家可以轻易创建并向他人展示极具个性化的事物。另外，《我的世界》中的多人模式有一些随机性的趣事，一旦发生，它们就会在玩家之间迅速扩散，最终超越这款游戏的边界，成为脍炙人口的"游戏传奇"。而且，《我的世界》在保持极高自由度的同时，始终没有偏离"为人所用"这个设计核心，游戏内容的创建与传播都是因人而异的，这也是《我的世界》最具有开拓性的地方。

3.8.3   小结：沙盒元素

沙盒元素包含动作、扮演、探索、管理等多种元素，但沙盒元素的精髓是"创造和改变"。

沙盒元素通常会使游戏变得非线性，并不强迫玩家完成某个主要目标，游戏的主线也会随之淡化，取而代之的是高度自由的规则、丰富的游戏内容和强交互性的反馈。这样，玩家可以在游戏中与各种元素进行互动，创造事物改造游戏世界，体会到管理和创造的乐趣。

目前来看，沙盒元素一般只会运用在模拟游戏或者其他拥有广阔地图的高自由度游戏中。例如《上古卷轴5：天际》《看门狗》等游戏一般都以自由与开放为核心。在这类游戏中，玩家可以不根据游戏设置的主线进行游戏。

虽然沙盒类游戏现有的用户群体在国内不算主流,但越来越多的游戏开发商开始涉足这类游戏的开发。长远来看,沙盒作为一种超前的游戏模式,也许会成为未来国产游戏的新方向。

思考题

1. 试列举一款你最喜欢的游戏,查询游戏的相关资料,如游戏开发商、开发团队、运营商及主要的营销方法、游戏的相关周边、游戏所针对的玩家特群等。

2. 与小组成员讨论桌面游戏项目的特色和玩家定位。

第 **4** 章

游戏设计要点

游戏设计是以游戏性为核心,围绕玩家体验构建游戏机制的过程,它涵盖了概念设计、规则设计、交互设计、体验设计等相关内容。游戏设计重在系统机制的构建,通过交互和反馈让玩家的游戏体验逸趣横生、引人入胜。其基础是沉浸感,核心是游戏性。

设计师应该以游戏性为核心进行游戏设计,整合各种游戏性元素,兼顾游戏内容和玩家两方面的因素。所以,完整的游戏设计是对"游戏-玩家"系统的整体设计,需要在设计过程中把握诸多要点。

以下就这些设计要点进行逐一介绍。

4.1 游戏目标设计

游戏目标是玩家持续游戏的动力之一,也是影响游戏沉浸感和游戏性的关键要素。当玩家具有一定的游戏目标时,他会为了达成这一目标而做出努力,游戏的其他设计也能在这一过程中展开,设计者可以通过目标的设计提供给玩家更多的游戏玩法和游戏乐趣。若失去游戏目标,玩家就不知道要做什么,自然也无法体验到达成目标的快感,无法产生进行游戏的动机,游戏过程就无法顺利地进行下去了。游戏目标虽然是增强游戏趣味性和游戏黏性的一大关键要素,但并不是所有的游戏目标都会让玩家产生兴趣,也就是说,玩家可能会放弃游戏目标,因此如何设计游戏目标,使其能吸引玩家为了达成它而持续努力是设计者需要考量的问题。优秀的游戏目标设计应该从玩家的心理需求出发,因为目标是一种内在的心理活动,所以设计者应该在洞察玩家心理需求的基础上,合情合理地为玩家设计游戏目标。

4.1.1 玩家游戏需求

在进行游戏设计时,游戏的背景设定与角色设定都需要设计师准确定位游戏的玩家群体,并对目标群体进行深层次、全方位的观察、研究和分析,了解目标群体玩家所关心的是什么、有哪些需求等,再对概念进行修改。

游戏需要给玩家提供一个充满新奇的虚拟世界,针对玩家对游戏的期望进行设计。也就是说,设计师提出的基本构想要新颖有趣,足够引起玩家的兴趣;同时,这个构想要满足玩家的内在心理需求;在充分了解玩家心理需求的基础上,设计者需要考虑游戏中要有哪些明确的游戏目标,以及它们是否能够促使玩家进入游戏并持续地游戏。

如果一款游戏以满足玩家的心理需求为目的进行设计,则可以在很大概率上受到玩家的欢迎。

　　一般来说,虽然玩家的心理需求各不相同,但也具有一定的共性。常见的玩家需求如下。

　　挑战的需求。在游戏中,玩家可以挑战系统、挑战他人甚至挑战自己,通过挑战可以获得知识、财富、名望,可以证明自我,这是人性的普遍共性。

　　社交的需求。不论是对手还是朋友,社交让人感受到自身存在的价值,满足游戏感情的需要,使玩家获得融入感与认同感。

　　逃避的需求。虽说现实世界很美好,但是人们总是会遇到无法解决的困难,游戏的虚拟世界为玩家提供了一个逃避现实的场所。

　　自我实现的需求。马斯洛需求层次理论中提到,自我实现需求是人们的最高一层需求。游戏是一个虚拟的世界,在游戏中玩家通过努力获得其他游戏玩家或游戏系统的肯定,这满足了玩家自我实现的需求。

　　从玩家心理需求出发设计游戏目标,更容易使玩家产生完成目标、持续游戏的愿望。以下为游戏目标设计的一些具体方法。

4.1.2　短期目标设计与长期目标设计

1. 短期目标设计

　　为玩家设定一些短期的、小的目标和新的挑战,小目标又能不断渐进、互相连接,让玩家产生持续的游戏动机。玩家不仅能够立刻明白自己要做什么,还能及时收到奖励,让其获得完成时的成就感,成就感会给人带来愉快的感觉,感受到游戏的乐趣,同时又能马上找到下一个小目标,从而形成完整的游戏循环。

2. 长期目标设计

　　长期目标的意义在于增强玩家完成游戏的决心,吸引玩家持续进行游戏。长期目标比短期目标更加宏观、抽象,有时甚至只是一种象征性的目标。例如在《超级马里奥》中,玩家知道游戏的短期目标是跳过高台或击杀怪物,但很多玩家却对这款游戏的长期目标不甚了解,甚至不知道该游戏的最终目标是营救公主。但这丝毫不会影响玩家从这款游戏中获得乐趣。由此可见,在游戏设计中,短期目标的营造更加重要,也更加具有现实意义。

4.1.3　多样化目标设计

　　游戏中有多样的玩法系统,多样的玩法可以随时切换,使玩家保持一定的新鲜感。游戏目标诞生于游戏玩法之上,因此游戏目标与游戏玩法一样具有多样性。即使同样的玩法也可以设计不同的目标。设计时需要考虑多样化的游戏目标,使玩家保持兴趣,也能使游戏目标持续地"涌现"在玩家面前。

　　例如玩家经常出现的心理:角色只差7%就升级了,希望玩到升级吧;打到稀有宝石了,可以镶嵌武器了,赶紧收集需要的素材吧;好朋友上线了,约了一起打副本,打完了正好零点,又有新任务了!

4.1.4   成就目标设计

成就感是指愿望与现实达到平衡时所产生的一种心理感受,指一个人做完一件事情或者正在做一件事情时,为自己所做的事情感到愉快或成功的感觉。内在激励是一种对自我能力的确认,例如克服困难或者做自己喜欢的事情,完成它会让玩家获得成就感。简单的小游戏,例如《扫雷》《连连看》,它们设置了恰到好处的困难让玩家证明自己有能力破解难题。感受到这种力量的玩家就想再一次体验。

游戏系统可以记录玩家完成的某种游戏成就,在网络游戏中可以将玩家的成就信息公布到游戏中,或者给玩家达成某些指定游戏成就的道具、属性等实质性奖励,以此奖励玩家的游戏行为,不论这种行为是否有意义,例如玩家在抵达地图的某个地方、战胜了怪物和副本、在特定条件下完成任务等的时候,都可以设置成就奖励。

4.1.5   目标随机性设计

在目标设计中增加一些随机性,使原本单一的目标产生多种变化。目标的随机性是指在完成目标的过程中玩家面临着目标可能达成也可能失败的随机性,也包括目标本身的随机性,简单地说,就是玩家是否会接收到某个任务,并不是所有玩家都拥有某种任务目标,当这种随机触发的任务目标具备丰厚的奖励时,玩家就会将获得这个"随机的目标"作为自己的目标。随机性目标能够增强游戏的可能性,在一定程度上增加了游戏的乐趣和游戏的黏性。

随机性能够让人"上瘾"是符合逻辑的,对于生物延续来说,食物是非常重要的资源,一旦得到就意味着生命可以延续,因此生命机制本身的首要命令就是最大限度保证食物来源。随机性就好比草原上的猎豹追逐羚羊,可能追到也可能追不到,也好比猴子去果树上找果子,可能找到也可能找不到,于是就需要生命体付出更多的努力确保最终获得食物。为了防止生物因为难以获得食物而放弃努力,生物基因中印刻了对随机性的偏好,也就是上瘾机制,让生物对寻找食物乐此不疲。

4.2   游戏反馈设计

玩家所有的游戏行为都可能导致一定的结果,这种结果正是游戏给予玩家的反馈。游戏向玩家展现的所有信息本质上都是一种反馈的形式。棋盘上棋子的位置,也就是"游戏状态",是一种反馈;从敌人身上跳出的伤害值是反馈;挥舞的剑展示出的炽热发红的效果同样也是反馈。玩家的所有信息都可以用进度条、点数、级别和成就的形式持续地得到测量和反馈,玩家很容易看到自己在什么时候得到了怎样的进展,瞬时的积极反馈让玩家更加努力,并成功完成更艰巨的挑战。不同的反馈在游戏中的运用关系到游戏的平衡性,对游戏反馈机制进行设计是完成游戏性设计的又一重要任务。

4.2.1   正向反馈设计

在游戏设计术语中,当玩家的某种进步(例如经验值、点数、装备等)会让其获得下一个进步变得更容易,就会产生所谓的正向反馈。或者说,在游戏中,当玩家获得奖励后,就会更加容易地获得另外的奖励。当游戏中的正向反馈作用太明显时，某个玩家在一开始哪怕最先获得一点领先地位，都会使这个玩家最终获得胜利，他只要进一步地获取更多的领先就可以了，也就是常说的滚雪球效应。在游戏中加入适当的正向反馈，会使玩家为了追求胜利而不放弃任何一点可能获得优势的机会。但正向反馈不宜过量，否则会破坏游戏的平衡性。

4.2.2 负向反馈设计

游戏中的负向反馈设计强调强者受到制约，获取同样多的东西的难度强者应该高于弱者。在街机时代中，使用负向反馈作为游戏机制是为了削弱玩家的力量，或提高他们失去另一个生命的机会。这种机制的使用旨在要求玩家为了让机器扭亏为盈而不断投入其中。适时引入负反馈可以让玩家权衡自己做出的决策，例如在装备强化、宝石合成的过程中，通过不断的强化提升数值是一种正反馈，但是强化需要的代价越来越高，这又是一种负反馈。最终使该系统的投入和产出达到一个合理的平衡，以阻止泛滥的优势使游戏平衡失控。

4.2.3 游戏即时反馈

玩家在游戏中的任何操作都会以视觉化和数据化的方式显示出来：攻击小怪时头上飘出的数字、出招的音效、角色释放招式时华丽的特效都给玩家提供了最为直观、即时的反馈。即时反馈提供给玩家可控感。相比现实世界，游戏中的反馈来得更加容易和迅速，这种设计满足了玩家内心对于反馈的需要。游戏的即时反馈是增强游戏性的重要因素。

4.3 游戏难度设计

游戏难度时时影响着玩家的游戏体验以及玩家与游戏系统之间的平衡性，是决定游戏是否能让玩家产生心流体验的重要因素。游戏难度是一个相对参数，它的设计取决于游戏主题，就如同《风之旅人》在整个游戏过程中并没有表现出高难度的设定，而《生化危机》则对玩家的反应和操作都有一定的要求，两部作品所强调的重点并不相同，其难度设计都是与游戏其他部分的设计相联系的。

4.3.1 游戏难度设计方法

游戏难度的设计问题一般在最初概念确定后就会开始被考虑，因为难度设计会涉及很多的策略和程序开发工作。难度设计需要结合游戏类型确定产生难度的玩法类型和难度曲线的大致形态。策略游戏的游戏趣味来自于逻辑思维和策略的运用，同时该类型游戏所侧重的就是策略的组合和产出，所以策略游戏的难度设计一般会以游戏的 AI 设计和数值调整两个方面为主。格斗类游戏的游戏趣味来自于游戏的操作和反馈，而格斗游戏的反馈通常与物理引擎、数值相关，一般会在操作流畅性、AI 数值设定和反馈时间等方面进行调整。另外需要特别提出的是，随着游戏的进行，玩家一般都会逐渐提高技巧。所以，不同等级的难度都应该具有逐渐上升的曲线形态。有些游戏甚至为此提供了不同难度等级的游戏模式。

4.3.2　动态难度调整

在心流理论的指导下,出现了一种名为DDA(Dynamic Difficulty Adjustment)的动态难度调整技术。这一技术一改传统的预制难度设计,允许游戏系统判断玩家的游戏水平,并在游戏过程中动态地调整游戏难度,以不断匹配玩家的能力水平。在DDA模式下,如何保证所有玩家的公正性还有待论证。

4.4　游戏社交设计

网络游戏的游戏性很大程度上来自于游戏的社交系统,可以说良好的社交性是网络游戏生存的根本。社交性产生于游戏中的社交系统,包括常见的好友、聊天、组队、PVP、帮派、交易、师徒、结婚、结拜等,游戏就像是一个独立的小世界,社交元素的存在增强了游戏的黏性,让这个虚拟世界更加人性化。

4.4.1　社交系统应与游戏玩法融合

游戏的社交存在于游戏系统中,并形成独立的设计系统。游戏的社交系统并不是单纯的组队、添加好友、结婚这些功能的组合,更多地体现在游戏有没有驱动玩家之间实现沟通交互的内容玩法,用社交捆绑玩家,用游戏促进社交的良性循环。例如最基本的聊天系统,它的存在不仅可以实现玩家之间简单的交流,还可以实现发送装备图鉴、发送坐标地址、发送战报等更多的功能;公会也是一个社交元素,玩家需要的不仅是一个形式上的团体组织,更渴望的是公会背后的公会排名、公会战、公会称谓、公会成就等玩法。如果社交功能没有和游戏内容很好地衔接起来,那么这些功能将无法发挥任何作用,网络游戏玩起来自然也就和单机游戏没有区别。

4.4.2　社交系统中的情态设计

情态设计指游戏机制可以理解的外化意义,是游戏核心概念在机制设计中的进一步细化,情态设计为玩家提供了可以理解的有形物,引导玩家以适当的方式深入游戏。例如,许多游戏中杀手玩家的名字会用红色显示,以提醒其他玩家提防,还有一些禁止PK的地图会设置一些警卫NPC防止玩家PK。自然的情态设计比简单的硬性机制更利于玩家的理解和接受。

社交机制的情态设计要点包括:玩家需要哪种社交情感体验;游戏当前的社交方式是否可以有效地促成这种情感;游戏当前的社交方式是否易于玩家理解;是否符合玩家的经验;游戏当前的社交方式是否具有文化与艺术的深度;游戏当前的社交方式是否具有可演绎或继续发展的潜力。

在《风之旅人》中,游戏需要营造一种窄而深的社交体验,设计者采用了联机形式的一对一双人交互的社交机制,玩家只能选择进行单机游戏或随机联机另一个玩家进行游戏,两人的互动仅限于动作和歌唱。经过这种一对一的社交后,许多玩家表示这种社交机制所呈现的形态让他们对这种窄而深的情感体验难以忘怀。这就是情态设计所带来的魅力,它使整个社交系统有了丰富的语义,只要设计者对这些语义筛选得当,就可以让玩家体验到预设的社交乐趣。

4.5　游戏多样变化设计

多样和变化是游戏产生重复可玩性的重要因素，根据来源的不同，游戏的多样性和变化性可以分为四种基本类型：预设的多样变化、随机的多样变化、人工智能的多样变化以及玩家因素的多样变化。

4.5.1　预设的多样变化

预设的多样变化指由设计师预先制作的大量非重复性内容，例如节点、关卡、物品和剧情等，它是一种静态游戏机制，具有有限的多样性。一般而言，这种多样性大多出现在人性化要求较高的部分，例如大多数游戏中情节的转折点是被预制好的，以动画或对话的形式呈现，就是因为充分考虑到了情节部分的逻辑性和审美性。这种方式虽然能够增加游戏世界的广度和深度，但成本过高，资源消耗大。

4.5.2　随机的多样变化

随机的多样变化是指游戏中由程序自动产生的无规律内容，或者说是程序对于自然界各种概率性事件的模仿。类似于投骰子、洗牌、抽牌的作用。基于随机变化的设计在一定程度上能够增加游戏的不确定感，但会降低玩家的主观能动性。因此，这种设计一般仅作为辅助元素使用。

在数字游戏中，随机因素由程序的随机算法生成。例如在《炉石传说》的竞技场模式中，玩家可以选择随机卡牌进行组合，这大大增加了游戏的重复可玩性，该模式也深受玩家喜爱，基于这种随机模式，设计者又随之推出了乱斗模式，随机卡牌也成为了一直沿用的设计模式，如图 4-1 所示。

图 4-1　《炉石传说》中的卡牌组合

4.5.3　人工智能的多样变化

人工智能的多样变化与随机变化相比具有更多模仿人类智能的成分。从设计的角度来说,越线性化的思考越有利于 AI 的模拟,这也是为什么在许多棋类游戏中,AI 会比普通玩家高明许多的原因。

在近年来的 AI 研究中,基于深度学习的人工智能表现突出,在围棋、《星际争霸》等游戏中已经战胜了人类。随着技术的发展,未来的游戏中将大量出现新型的 AI 生成内容。

4.5.4 玩家因素的多样变化

玩家因素是使游戏产生多样变化的基本因素,类似 4.3.2 节提到的 DDA 技术,现在越来越多的游戏开始注重调动玩家的自主因素创造自生性、灵活多变的互动格局。但是这种交互及结果从技术上来说都是非线性的,整个系统无法通过设计对各个部分进行简单累加而得到结果,而这反而更接近游戏系统的本质。

设计师需要注意的是,在运算资源有限的前提下设计自生性游戏系统要尽可能地增加玩家之间的交互方式的灵活性,减少预制的脚本比重,尽量给玩家一种游戏中可能发生任何事的感觉,目前流行的沙盘游戏都运用了这种游戏系统,给玩家一个开放的游戏世界。不管是哪种类型,从本质上讲,设计师实际上是间接地设计玩家的体验,而玩家才是真正设计和实现这种体验的著作者。

4.6 游戏体验设计

4.6.1 游戏体验概述

在音乐中,有一种被称为卡农的谱曲技法,所有声部都模仿同一个声部,在不同的音高上以相同的时间间隔进入,使乐曲拥有十分强烈的起伏感,在情感的表达上有着渐进增强的效果,总体上却呈现出一种完美的协调性。良好的游戏体验与此类似,追求如同乐曲般一气呵成、顿挫抑扬的感受。正如乐曲需要旋律、曲调、引子一样,游戏体验虽然对玩家来说是一种完整的体验,但实际上却与各个细节的设计息息相关,各个组成部分需要彼此协调,呈现出自然、易理解的状态,不会因为生硬感和违和感而破坏体验。

就机制设计来讲,游戏体验本身虽然不产生乐趣,但当体验与玩家的期望相符,并与游戏的情态表现相互统一时,乐趣就由此产生。游戏体验设计不仅需要从游戏画面、声音等外在因素对游戏内容进行精心的筛选和打磨,进行适当的情态化设计,还需要针对游戏的核心机制的设定对玩法的设计和交互方式的安排进行考量。

4.6.2 游戏体验设计方法

首先,设计师需要明确游戏的定位,以确定核心玩法是否合适。例如,如果在益智类游戏中加入太多动作设计就会冲淡主题;而如果是休闲类游戏,那么玩法就应该尽量简单、易上手。

其次,在游戏玩法合适的情况下,设计师需要考虑交互方式的设计,这直接影响着游戏的体验。因为交互设计主要关注用户的行为方式及人机关系,它与用户倾向、易用性和情绪因素相关,并涉及玩家的交互模式、操作、反馈、认知等相关细节。选择适合的交互模式,不仅需要考虑游戏硬件的局限和优势,还要考虑玩家交互的自然性和沉浸感。玩家的操作方式应更加自然化和语义化：

- 自然化设计主要针对游戏表现层的情景实时交互；
- 语义化操作则是为了降低游戏进入门槛，提高趣味性。

此外，游戏体验不仅包含游戏玩法，同时也包括游戏的世界观和文化内涵。良好的游戏体验不仅能给玩家带来乐趣，还可以通过游戏内涵使玩家的心灵获得滋养。

思考题

结合本章的知识点，为桌面游戏设计一套完整的玩法。

第 5 章

游 戏 策 划

5.1 游戏策划文档

游戏策划文档也被称为游戏设计文档或者游戏策划案，即 Game Design Document，简称 GDD。

当前，随着游戏制作规模的增大以及团队成员的增多，游戏开发事项变得十分庞杂，无法被每个团队成员精确地记忆。因此，书面的游戏策划文档就发挥出了重要的功能，成为团队制作游戏的行为准则。

编写 GDD 是一个将游戏设计师的思路文档化，以供其他游戏制作部门查阅的过程。有了游戏策划文档，开发团队就可以清楚地了解到游戏的内容及需求。当然，面对面的交流，例如团队会议和饭间谈话等方式也能起到交流与传递游戏设计思想的作用，但文档可以让讨论后的决定变得更加有章可依。

通常，在游戏开发的前期，设计文档是整个项目的起点和灵魂，相对于美术工作与程序工作而言更加基础而迫切；而在游戏开发的中后期，策划文档起到了保驾护航的作用，是必不可少的开发依据和准则。

5.1.1 策划文档的格式

游戏策划文档的作用是落实游戏设计的框架和细节，加强设计部门与制作部门的沟通与交流，并没有固定的格式。因此，一个优秀的策划文档应该将游戏的流程及玩法、开发需要考虑的事项、可能会出现的问题及其解决策略都表达清楚。

下面对一个典型的游戏策划文档进行分解。

1. 文档目录

文档目录是一个标准策划文档的必备成分。文档目录能给策划文档的读者带来阅读上的便捷，以及让他们对策划文档的内容有一个迅速的了解。在开发人员需要查找某项信息时，通过文档目录能节省一些时间。

目录包含章、节、小节，小节中又可以分出若干点。在设计目录时应使用加粗、缩进等方式使目录显得更有层次感，实用而美观。此外，由于策划文档并不是一蹴而就的，往往会经过数次修改，所以在标题注上文档版本是一个良好的习惯。

2. 游戏概述

游戏概述用来说明游戏的基本情况，包括游戏的主题、类别、特色、大概背景及重要的游戏要素等。值得注意的是,背景故事并不是产品的关键,它应该足够简洁。写作重点要放在游戏的特色及卖点方面。与众不同的内容更容易给人留下深刻的印象,让读者读完后充满期待和想象。

另外,在概述中可以对本游戏的竞争产品进行比较和分析,这样有助于读者理解游戏的大概方向。如果存在授权因素,那么也要说明授权的内容以及游戏中如何利用该授权。

3. 游戏机制

机制(Mechanics)指系统中各对象的构造、功能及其相互关系。游戏机制记录了游戏世界以及其中一切对象的行为方式。具体包括游戏规则、胜利条件、操作方式、人工智能等。游戏机制是整个策划文档中最需要详细说明的部分,写作时应深思熟虑、严谨合理。

对于不同类型的游戏,游戏机制的写作重点差异较大。例如,对于第一人称射击游戏(FPS)和即时战略游戏(RTS)来说,需要详细描述的重点是玩家操控的规则;在模拟游戏(SIM)中则需要重点关注人工智能的设计;而角色扮演游戏(RPG)更需要注重角色的成长与情节。

4. 游戏元素

游戏元素是游戏中所有对象的集合,是构建游戏的素材。

在设计师手中,各种各样的游戏元素将构建出令玩家流连忘返的游戏世界。游戏元素之于游戏就像砖瓦之于房屋、音符之于音乐、颜料之于画作。每个成功的游戏中都有独特的游戏元素,例如《古墓丽影》中矫捷的劳拉、《超级马里奥》中神奇的红蘑菇和绿蘑菇、《大富翁4》中地图上功能各异的神仙等。

通常,人们可以把游戏元素分为三类:角色、物品和交互物。

角色既包括玩家能操控的单位(可能是人、动物、机械或其他玩家可以控制的东西),也包括玩家不能操控的其他所有 AI 主体,例如需要玩家进行对抗的敌人、玩家会遇见并交谈的对象等。设计师首先要着重描写玩家可以操控的游戏角色,赋予他们身世、性格等个性化特征;接着,设计把角色与游戏可玩性联系起来,发展出角色的技能或装备,如马里奥的跳跃与踩踏、《恶魔城》中 Simon Belmont 的鞭子等。至于非玩家角色(NPC),除了个别 Boss 级单位或在主线中频繁出现的单位以外,均一笔带过。

物品也被称为道具,是游戏中玩家能够收集或使用的东西,包括消耗品、任务物品、装备等。在这部分中,除了和主线有关系的物品外(如《魔兽争霸》中的霜之哀伤),都只需要把物品类别及其作用说明清楚即可,细化的部分可以留在以后的脚本设计中完成。

交互物是玩家能以一定方式操纵的游戏中的实体,包括门、宝箱、机关等。游戏中常常会用到这部分内容,需要把它们的运作机制描述清楚。

不过,并非每一款游戏都具有以上三种游戏元素,像《俄罗斯方块》《扫雷》就仅包含交互物这一种要素,而《魔兽世界》中则包含了以上所有要素。

5. 游戏进程

游戏进程部分讲述了玩家在游戏过程中可能会经历的种种事件及其发展变化,它是关卡设计的主要依据,关卡设计部分就是根据游戏进程设计规划关卡细节,组装游戏元素形成关卡以填充游戏运行的脉络。

大部分游戏的进程都依照关卡进行划分,游戏中出现的"第 X 幕""第 X 关"均是这种划分方法典型的表现形式。设计者应详细描述玩家在每一关中将要面对的挑战、遇到的人物、发生的故事以及周遭的环境和氛围,还应该注明游戏界面是否有特殊要求等。

还有一些游戏没有关卡划分,这些游戏的游戏进程表现形式更为灵活。例如《模拟城市》系列和《主题公园》系列,设计师必须充分预见游戏中可能发生的各种情况,并就不同发展分支略作描述。

6. 界面交互

界面交互包括游戏进行时的界面设计与游戏的系统选项菜单两个部分。

界面设计与游戏机制关系密切,涉及玩家如何进行交互操作与选取游戏元素的问题,因此这部分往往可以与游戏机制进行交叉设计。界面与机制相辅相成,在一起设计往往能简化文字说明且让玩家更易理解。

系统选项菜单是包括了游戏设置、存储/读取游戏、难度选择等功能的界面,对游戏实际运行的影响不大,往往被分出来单写,包括菜单的分组、样式、层次等。这些内容用以指导玩家进入游戏,应该简单明晰,让玩家一目了然从而快速进行个性化的调节并进入游戏。

下面提到的系统设计、数值设计、关卡设计等都是对以上分类中对应环节的进一步细化,使之成为制作游戏切实可行的依据。

5.1.2 策划文档的写作技巧

大型游戏策划的文档一般都非常长,基本都会超过 300 页。那么应该如何一步步地写作出如此长和细化的文档呢?

1. 将写作分为三个阶段

可以把游戏策划文档的写作分为三个阶段:概念设计文档(Conceptual Design Document)阶段、游戏论述文档(Game Treatment Document)阶段、游戏脚本文档(Game Script Document)阶段,如图 5-1 所示。

图 5-1 策划文档写作的三个阶段

概念设计文档最为核心和粗略,是整个项目的创意起点,长度通常在 5 页或者更少。文档的重点是提供一个概念性的轮廓,让决策者(可能是游戏制作人、投资者或发行商)能在短时间内了解游戏的大体方向。通常在此文档中需要提出的内容包括市场需求、目标群体、玩家在游戏中能做什么、主要乐趣、特色等基本内容。

游戏论述文档较为详细,包括各个游戏元素和游戏过程的描述,篇幅在 10～30 页左右,它是概念文档的细化,目的是构建整个游戏的结构,但不会牵扯最细节的设置。其主要内容是游戏的基本框架、系统及玩法,用以描述游戏运行时的整个图景。

　　游戏脚本文档最为详尽,是细节化的,是其他部门借以展开制作的最终文档,篇幅在200 页以上,它在游戏论述文档的框架下涵盖了所有游戏内容的细节,包括系统、数值、关卡、文案的所有设计。其他游戏制作部门的所有疑问都应在脚本文档中找到答案,它需要解决游戏的所有非技术性问题。

2．图文并茂,整洁美观

　　你无法要求你的同事们像看小说一样津津有味地看你冗长的游戏脚本文档,特别是文档中一段话接着又一段话的密密麻麻的文字,仅使用文字的话,很多内容都无法很好地说清楚或让别人迅速理解。所以为了更好地向其他部门传达游戏的设计思想,应该尽量规避文档被略读给以后带来的麻烦,策划文档中最好出现一些示意图或参考图,此外表格也是一个很好的表现手段。

　　这些示意图可以用绘图软件轻松地画出,甚至可以用 Word 软件自带的插入形状和插入图片功能绘出一张很好的示意图。参考图片则可以从海量的网络图库中挑选合适的或在其基础上用软件加以修改。在文档中适时地加入这些辅助表达设计思想的图片,尽量避免脚本文档的某一页只有文字而没有图片的情况。

　　同时为了让其他部门容易理解文档以降低沟通成本,行文还应具有一定的逻辑性,明确易读;应该想方设法地使设计文档具有吸引力、整洁美观和用户友好。

3．思考细致,不怕烦琐

　　请记住,游戏设计文档并不是写给自己看的,没有写入文档的内容不能想当然地认为阅读者肯定知道。要默认阅读者所了解的仅仅是文档中存在的内容,不要在阅读者有疑问而找到你时说出"当然是""当然要""肯定是"这样的话,要对他们说"文档中有,你没有仔细看"这样的水平才行。

　　需要注意的细节往往有以下这些。对于给出的示意图中的每个按钮,都要给出其作用说明;要描述清楚你需要的效果和你给美术师的参考图的区别;要从正反两方面考虑游戏的流程(例如点击某个按钮需要耗费玩家的游戏币,这时就需要考虑玩家在游戏币不够时需要给玩家设计什么样的提示)。

　　随着游戏设计经验的丰富,你会注意到越来越多的细节,这些提高都会自然地在你的游戏设计文档中显现出来。

4．坚持主见,听取意见

　　在你将自己的设计思想讲给团队其他成员时,不可避免地会有团队其他成员针对某个方面提出意见。在这个时候不能轻易动摇,不能其他人说怎么改就怎么改。自己已经决定了的东西最好不要依据别人的意见而随便修改:一则游戏的整体架构是自己设计的,其他人对游戏的了解程度肯定没有作为游戏设计者的你深入;二则修改游戏设计会消耗团队的时间、资源、斗志。所以修改游戏设计需要三思而后行,作为游戏设计师需要有坚持主见的魄力。

但在同时,个人的思想总是有局限性的,真正优秀的设计师总会乐于博采众长,在耐心和团队成员解释自己的游戏设计思想的同时,也要听取团队成员的合理意见及建议,尊重团队的每一个人,营造和谐的工作氛围。

5.2   系统设计

5.2.1   系统设计概述

系统设计就是将一个概念性的创意变成一个切实可行的游戏玩法,简单来说就是设计游戏的规则。系统设计需要从需求出发,紧紧围绕确定好的游戏机制与游戏元素进行。如果说游戏的概念设计是一个树干,那么系统设计就是树干上延伸出来的树枝,它把游戏的机制规则化、具体化。

不同类型的游戏一般需要针对性地设计不同的系统,如第一人称射击游戏需要设计枪械系统、赛车类游戏需要设计车辆系统;相同类型的游戏也存在个性化的系统,如同样是回合制的角色扮演游戏,《轩辕剑3》的后几代中均有炼妖系统,而《仙剑奇侠传5》则具有封印系统。创新的系统设计能成为游戏的特色与卖点,为游戏加分不少。

5.2.2   玩家类型的划分

不同的玩家在游戏中的偏好是不一样的。在同一款游戏中,有的玩家热衷于PK(Player Killing),有的玩家埋头于刷成就或冲排行,有的玩家则把大量的时间花费在和其他玩家交流互动。了解玩家在游戏中的追求有助于设计师更好地设计游戏的系统,理查德·巴图(Richard Bartle)博士把玩家分为以下四种类型(巴图模型)。

1. 杀手型

杀手型玩家乐于对其他玩家展开攻击性的行动。他们在游戏中执行任务、打副本等其他行为的目的就在于保证其对其他玩家发起战斗或竞技的胜利。这种类型的玩家更容易在游戏中挑衅其他玩家,他们不害怕受到其他玩家的攻击,满足于击败其他玩家所带来的感受。

2. 成就型

成就型玩家关心自己在游戏排行榜上的位置或是自己是否用更短的时间获得了更高的等级及装备。他们希望展露自己在游戏中的成功,表现他们在游戏中的大量付出或是高人一等的游戏技巧。数值的增加或极品装备光环的笼罩能极大地满足这类玩家,他们其他的游戏行为(如PK、组队)往往就是为了更高效地升级或获得财富及装备等。

3. 探索型

探索型玩家的乐趣在于不断发现游戏中新的惊喜。这些玩家喜欢发掘游戏中自己所不知道的内容,因此简单的游戏玩法一般无法提起这类玩家的兴趣,越是复杂的游戏玩法越是能激起这类玩家探索的热情。他们不断摸索着游戏的广度和深度,跑遍地图看风景与研究游戏系统的玩法是他们最爱做的事情。

4. 社交型

社交型玩家可能仅仅把游戏当作一个与其他玩家互动的平台。他们把游戏中的主要精力放在与其他玩家建立联系上。社交型玩家所进行的练级、PK 等游戏行为也主要是为了和其他玩家平等且愉快的互动打基础。但值得一说的是,这类玩家在 PK 上区别于杀手型玩家的是他们不会无端 PK,一般会是为了家族或帮会的利益而 PK。

游戏的主要玩家类型群体和游戏的类型有很大关系。一般而言,休闲游戏中的社交型玩家最多,而在 MMORPG 中,成就型和杀手型的玩家会占据玩家群体的多半。所以在设计游戏的系统时,需要根据游戏的类型及定位突出地满足某种类型玩家的需求或尽量满足各个类型玩家的需求。

5.2.3 游戏系统的元素

游戏系统的组成不外乎三个元素:属性、规则和对象。

1. 属性

属性是游戏系统用于抽象规则所使用的数值部分,游戏中的元素往往都会具有一定属性。常用的属性有生命值、攻击力、护甲、速度、价值等。

2. 规则

规则规定了游戏系统中属性如何相互作用及变化、游戏元素如何产生与被消灭、游戏进程如何被影响等的内容。经常需要设计的规则有伤害的计算方式、物品如何产生和被消耗、玩家选择怎样影响游戏的发展等。

3. 对象

对象即游戏元素,包括角色、物品与交互物。每个对象一般都会有其属性和在此之上可运作的法则。关于对象更详细的解释可以参阅 4.1.3 节中的策划文档的格式。

5.2.4 游戏系统的其他要素

1. 流程图

游戏系统的设计者经常会和程序员打交道,因为是程序部门最终把游戏规则变成可以运行的游戏程序的。他们会运用各种各样的策略和逻辑使游戏的运行能严格地符合你所设计的规则。为了使编写出来的程序逻辑更符合设计者的预期,以程序化的思想画一些流程图辅助程序部门是一个非常好的方法。

表 5-1 给出了教育部作业标准化(SOP)流程图制作规范所规定的 8 种常用符号的画法及其意义。

表 5-1　SOP 流程图制作规范常用的 8 种符号的画法及其意义

符　　号	名　　称	意　　义
	准备作业（Start）	流程图开始
	处理（Process）	处理程序
	决策（Decision）	不同方案选择
	终止（End）	流程图终止
	路径（Path）	指示路径方向
	文件（Document）	输入或输出文件
	已定义处理 （Predefined Process）	使用某一已定义的处理程序
	连接（Connector）	流程图向另一流程图的出口
	换页连接点（Connector）	换页连接的入口
	批注（Comment）	表示附注说明之用

2. 示意图

游戏最终是要通过画面呈现给玩家的。虽然游戏界面的设计属于 UI 设计师的工作范畴，但是在此之前，系统设计师必须规定每个游戏界面需要给玩家提供什么样的功能，最好能给出一个可行的参考排布示意图。这个样例不必很精细，只需要表现清楚所有功能模块的摆放位置及每个功能模块所占的屏幕大小。

3. 美术资源

大部分的系统都会有美术资源的需求，这个部分是在系统设计的最后阶段完成的。与让美术部门仔细读完系统设计文档再分析自己需要画些什么东西相比，明确地提出美术需求能大大提高美术部门的工作效率，况且美术部门也没有必要关心游戏内部的逻辑。

在这个部分，要把对美术资源的具体需求描述清楚，因为美术部门最终画出的作品可能与系统设计师构想的大相径庭，一旦出现这种情况，就会浪费美术部门大量的时间，甚至导致工期的延误。原则上，对需要的美术资源描述得越详细越好，但也要尽量给美术部门发挥的空间，他们的作品有可能会比设计师想象的更为优秀。

5.2.5 设计游戏系统的建议

1. 紧扣主题

游戏系统应围绕游戏的主题进行设计,偏离主题的设计一般都会削弱游戏的沉浸感。试想,如果在一款 FPS 游戏中加入给主角洗澡的系统或者恋爱系统会是多么荒唐。相反,如果在这类游戏中加入天气系统或转职系统,就会显得合情合理。

2. 多样变化

多样变化是游戏产生重复可玩性的重要因素,一旦玩家穷尽了游戏的内容,则很有可能对其失去兴趣。为了让游戏产生多样的变化性,可以使用预制变化(如《超级马里奥》中的隐藏关卡)、随机变化(如《帝国时代》中的随机地图)、人工智能变化(如《星际争霸》中 AI 的战术选择)、玩家因素变化(如《我的世界》中玩家有极大的创造性)等方式。

3. 避免烦琐

乔布斯设计出了只用一根手指就能轻易操作的智能手机,从而大获成功,其最大的进步是在实现相同功能的前提下使用户的操作变得更加简单。设计应当遵循简约原则,用最少的操作达到最多的目的。只把决定性的操作交给玩家完成,其余的琐事尽量都交给 AI 控制。

5.3 数值设计

5.3.1 数值设计概述

数值设计是一款游戏不可或缺的内容之一,数字游戏离不开数值。从《俄罗斯方块》中方块下落的速度与消除一行增加的分数,到《魔兽世界》中技能的威力和装备的属性,无一不属于数值设计的范畴。游戏的经济、难度、平衡、收费等各个方面的背后都是由数值设计支撑的。

数值对于一款游戏来说非常关键,游戏系统是通过数值表现的,数值渗透在游戏中的各个环节,但并不是数值决定游戏,而是游戏决定数值。数值设计是从属于游戏设计整体思路的,是为设计师对于游戏的把控而服务的。数值影响着游戏的平衡性和可玩性,对于游戏的体验有着重大的影响力。一款体验良好的游戏,它的数值设计必定是成功的;一款数值设计不成功的游戏,它的体验必定大打折扣。做好数值设计,需要良好的理论基础与丰富的实践经验,尤其是后者,优秀的数值设计往往都是经过无数次修改才最终确定的。

在设计数值时,需要考虑游戏的方方面面。因此,在进行数值设计之前,首先要确保对游戏各个环节的深入了解,理解设计者的目的和思路;其次,玩家在玩游戏时的体验应该设计得尽可能简单,因为玩家是来玩游戏的,而不是来做数学题的;最后还需要通过亲身的体验反复修改,让数值设计趋于完美。

5.3.2　游戏公式

虽然玩家在游戏中看到的与数学有关的东西都非常简单,但其实游戏设计时所涉及的数学知识可能非常复杂,游戏设计会用到大量的数学公式。但这并不需要设计者有高深的数学知识,只要精通基本的数学知识及了解概率论与统计学的相关知识即可。

成长曲线设计与伤害公式是数值设计通常要做的基本内容。

1. 等级经验图

等级经验图用于描绘玩家角色的等级上升与需求经验值的关系。每一等级与其对应的升级所需的经验的设计可以采用函数形式刻画,也可以采用逐一填充的形式进行。但不提倡使用后一种方式,因为逐一填充需要耗费设计师大量的时间,且一旦需要修改又会产生大量的工作。如果非用不可,也最好使用函数生成初步的表格,然后再在此之上进行调节修改。

设计等级经验图经常利用到的曲线是二次函数曲线,使用这种函数曲线能达到让玩家升级慢慢变得困难的效果,而且相邻两级之间的差距又不会太大,玩家很难察觉。利用二次函数曲线设计等级经验图,只需要根据项目的需要修改其参数即可。

二次函数一般式公式(如 $f(x)=ax^2+bx+c$)中的第一个参数 a 决定了玩家整体的升级难易程度,第二个参数 b 用于对升级难易进行微调,第三个参数 c 主要用于决定玩家起始升级的难易程度。

图 5-2 给出了利用该公式($a=5$、$b=5$、$c=10$)所得出的等级经验图。

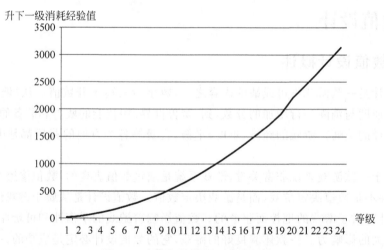

图 5-2　二次函数等级经验图示例

2. 伤害公式

伤害公式用于描绘玩家或 NPC 最终造成的实际伤害与攻击力、防御力、破甲、暴击等游戏中具体参数的关系。游戏中常见的伤害公式可以划分为两大类别:减法公式与乘法公式。

减法公式的简单原型是:伤害＝攻击－防御。

乘法公式的简单原型是:伤害＝攻击×(1－减伤率)。

两种公式的最大区别是能否破防。减法公式中会出现防御大于攻击的情况,此时伤害就会出现负值,当然一般伤害的下限是 0。也就是说,只要攻击力没有大于防御力,那么攻击力数值的大小就没有实际价值。而在乘法公式中就不会出现这个问题,乘法公式在减伤率设计得和攻击力没有关系的情况下,攻击力每提高 1%,最终造成的伤害就一定能提高1%,每一点攻击力都能带来实际的收益。

从上面的分析可以看出,乘法公式的优点是比减法公式更容易被驾驭,它具有等比等价的特点,其缺点是边际效应明显且对玩家有一定的理解门槛。加减法公式更容易被玩家理解,成长感强(在对抗低级别怪物时差距明显),其缺点是可能会出现无论多少人也打不过的超级战士。两种公式并没有好坏之分,在设计时需要依据项目的特点与需求进行选择。

至于暴击、闪避、无视防御等其他属性及招式威力、武器威力、属性相生相克等其他因素,都是对以上公式其中的一种进行了丰富,设计时可以根据具体需要进行添加,在此不一一赘述。

5.3.3　游戏平衡性

平衡性设计是游戏机制中有关严密程度的设计,其基本目的是保证游戏的公平性和多样性,防止游戏出现单一压倒性的策略。一个游戏应该让人感觉是公平的,因为如果玩家发现了一个明显胜过其他的游戏策略,那么这个玩家就会频繁使用这个策略而赢得游戏,但同时因为游戏的过程及结果都能预料到,玩家就会很快厌烦这款游戏。从开发的角度来看,如果游戏的各个部分存在不平衡的问题,那么就会有很多设计存在不会被玩家使用的风险,这样往往意味着花费在开发这部分内容上的努力就成为无用之功。

对于游戏平衡的设计,有以下一些比较成熟的设计方法。

1. 对称

对称是指游戏的各方起始条件、能力、可用选项、胜利条件等都完全相同的平衡策略。在游戏开始时,游戏各方都像其中一方在镜子中的复制品一样。

利用对称是平衡游戏的简单方法,这种方法常被用在传统的棋类游戏上(如国际象棋、强手棋)。很多 RTS(即时策略游戏)在设计玩家对战地图时也借鉴了这一思想,比赛地图较多采用对称的设计,如图 5-3 所示。

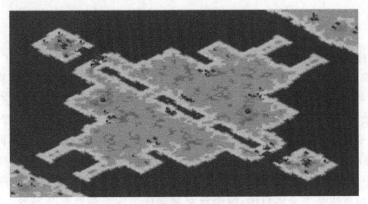

图 5-3　《红色警戒 2》正式锦标赛地图 B

使用这种思想设计游戏只需要在设计好游戏的一方后给予游戏其他方完全相同的条件即可。虽然这种方法很容易地让游戏各方达到平衡,但对称平衡过于绝对,不利于玩家体验多样化的选择,它是一种公平的解决方案,但不是最有趣的。

2. 循环

循环是指由循环相克带来的游戏整体性平衡。举个最简单的例子就是"石头、剪刀、布"的游戏。玩这个游戏时,玩家的每种选择都有其能战胜的一种选择和能被战胜的一种选择。没有哪一种选择是明显强于其他选择的,每种选择都在循环链上不可缺少。因为一旦缺少其中的一种选择,就会有一种不可被战胜的选择及一种不能取胜的选择出现。

我国的五行相生相克也是此种原理的基本模型,在游戏中利用这种策略能实现多元化的平衡。因为相较对称的平衡,玩家的选择更加多样,游戏就会变得更好玩、更有意思。我国的若干游戏都采用了五行相生相克的设计,例如在《仙剑奇侠传5》中,如果玩家使用克制怪物属性的法术攻击怪物,则伤害会大幅提升;如果法术属性和怪物属性相同,则伤害会大幅减小;如果法术属性是怪物属性的相生属性,则反而会给怪物回复生命值,如图5-4所示。

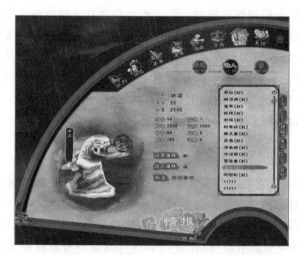

图5-4 《仙剑奇侠传5》中的怪物"冰泥"的情报图

3. 随机

游戏中的随机是由程序产生的在一定范围内的无规律内容。随机导致了游戏中偶然性的出现,甚至成为了一种玩法和一种乐趣。但在这里仅讨论随机性对游戏平衡的影响。

在很多游戏中,如果没有随机性设计,游戏就会显得极不平衡。试想,在FPS类游戏中,如果所有枪械的子弹都会笔直地打向屏幕正中心而毫无偏斜,会出现怎样的状况?答案是枪械之间会变得更加同质化。因此,设计师们必须给不同的枪械弹道以不同的范围偏差。除了FPS类游戏之外,在其他若干类型的游戏中,都能看到随机性设计的身影。在《大富翁》系列游戏中,每个玩家通过掷骰子决定行走的步数。骰子的点数是完全随机的,玩家在地图上的起始位置也是完全随机的,每个玩家都会认为这个游戏是公平的。这样就使游戏达到了多样性与平衡性的统一。反之如果每个玩家每次走几步是固定的或是想走几步就走几步,那么这个游戏就会失去它所独有的乐趣,如图 5-5 所示。

图 5-5 《大富翁 4》

4.补偿

补偿是指在某方面有所损失,而在其他方面有所获得。利用补偿的思想可以让游戏中不对称的多方达到平衡。在实际的游戏设计中较多运用了补偿的思想平衡游戏。因为大部分游戏都不是和象棋或者跳棋等棋牌类游戏一样能够让每个玩家都是对称的,如果不是这样游戏,就有必要采用补偿的方式达到平衡。

桌面游戏《三国杀》中就很好地使用了这一设计思想。以该游戏的标准版为例,游戏中每个玩家扮演的角色的血量分为三血与四血,四血比三血占有更大的优势。但四血角色在血量上占有优势的同时,三血角色会比四血角色多出一个技能。这样四血角色与三血角色就都有了自己的特点,不存在绝对的强弱优劣,如图 5-6 所示。

图 5-6 《三国杀》

在使用这种设计思路时,设计师有必要考虑补偿方式以及补偿程度等问题。补偿的设计不是一蹴而就的,往往需要设计者在游戏中反复实验和多次修改,最后得出一个可行的补偿设计。

当然,以上方式也可以混合使用以达到更好的平衡效果。在实际的设计过程中,以上方法只是初步的构思参考,实际操作中主要依据游戏的实际需要选择合适的方法,后续再进行大量的细化和修改。在实际设计中要牢记可玩性平衡的黄金规则:游戏中的所有选项都必须值得在某个时候使用,并且使用每个选项的净成本必须与玩家使用它获得的回报相称。

5.3.4 经济系统

经济系统是一款游戏的重要成分之一,几乎所有其他系统都与经济系统有着直接或间接的关系。经济系统的健壮性直接影响着游戏的可玩性,游戏要想向良性方向发展,就必须有一个完备的经济系统作为支持。

1. 经济系统的组成

游戏的经济系统可以划分为四个部分:生产、积累、交换和消费。

游戏中的生产包括玩家杀怪、做任务、采集等为了明确目的而进行的活动。游戏中不同玩家的生产效率一般是不同的,因为玩家的等级、装备、宠物等条件约束了玩家的生产效率。

积累可以理解为玩家在游戏中实力的增长,包括角色能力、装备道具与金钱等。一般情况下,玩家的各项条件都会同步增长,简单来说就是玩家的等级越高,所装备的属性就越好,他所拥有的财富会比低级玩家更多。

交换是指游戏中玩家之间发生的交易行为。玩家之间进行交易的场所相对多样,物品的价格通常由其稀缺程度或获得该物品要花费的时间决定。

消费是指玩家购买道具、装饰品、房屋等与系统之间发生的交易行为。玩家与系统发生交易的场所一般相对固定,物品的价格也是固定的。通常分为为了提高自身生产能力而进行的生产型消费与为了享受或消遣而进行的享受型消费。大多数玩家极为乐意进行生产型消费,而享受型消费则根据玩家的承受能力在不同个体之间表现出非常大的差别。

2. 网络游戏中的经济循环

在网络游戏中,玩家不断进行着"生产—消费—再生产"的循环。在一般的网络游戏中,玩家消灭怪物会获得经验值及金钱或装备,之后玩家用获得的战利品增强自己实力以挑战更高等级的怪物以获得更大的回报。这样玩家就完成了一个经济循环,周而复始,游戏进程被不断向前推进,玩家也会变得越来越强大。

不同于现实世界,除非游戏停止运营,否则游戏中的生产力不会消亡。玩家在刚开始游戏时会一无所有,但后期会变得非常富裕。在网络游戏中,大量这样的后期玩家(包括打金工作室)必然会给游戏带来通货膨胀的问题。

3. 通货膨胀与通货紧缩

游戏中的通货膨胀是指游戏中产生的货币得不到充分的回收而产生的财富剩余问题。游戏中发生通货膨胀会导致普通玩家的收入相对减少(高级道具对他们而言会异常昂贵),

也就意味着他们的难度加大,会加剧玩家的流失。尤其是对新手玩家的影响更为明显,所以新手玩家更趋向于选择新开的服务器。严重的通货膨胀会对游戏的经济体系造成巨大的破坏,甚至于让游戏的货币体系发生崩溃。

游戏中的通货紧缩与通货膨胀相反,是指游戏中流通的货币量变少从而导致物品价格下降或游戏中的货币量不足以应对游戏需求的问题,简单来说,就是玩家觉得自己的虚拟货币不够用了。游戏中的通货紧缩会使游戏市场交易不振,玩家活跃度下降,影响游戏的交互体验。不过通货紧缩并不多见,大多数游戏还是以出现通货膨胀的情形居多。

可以看出,无论是通货膨胀还是通货紧缩,对于游戏而言都是不利的,出现这种情形就可以理解为经济系统"生病"了。当网络游戏出现通货膨胀时,就需要游戏运营部门打开"泄洪"的闸门,加大对游戏虚拟货币的回收;当网络游戏中出现通货紧缩时,就需要运营部门加大游戏内虚拟货币的输入,活跃玩家之间的交易。

不过游戏中的通货膨胀和通货紧缩也不是一定要解决的问题。有些游戏在设计时为了运营的需要就有意设计成适度的通货膨胀或一定的通货紧缩。例如《征途》通过大量回收游戏货币的设计有意造成游戏内货币的紧张,在游戏上线初期时,1 锭银子和 1 元人民币等值。这种严格控制下的通货紧缩会使游戏丧失一定的趣味性,但能给运营商带来大量的利润,可以根据运营需要谨慎采用。

4. 游戏经济系统模式

玩家在游戏内实力的增长不外乎是财富的增长或能力的增长,随着游戏的进行,玩家一定会在财富上有所收获或在能力上有所增长,或是两者兼而有之。根据财富增长与能力增长的关系可以把游戏经济系统模式划分为财富与能力成长相伴、财富与能力成长割裂、财富作为能力成长的媒介。

财富与能力成长相伴是指玩家在游戏中获得游戏货币的同时自身的能力也会不断增长。这样的游戏价值观是单一的,玩家理解起来比较简单,但无法同时保证游戏的深度与多样性。采用这种模式的游戏有《传奇》和《地下城与勇士》等。

财富与能力成长割裂是指玩家在游戏中获得财富的同时不获得或极少获得能力上的提升,反之在获得能力提升的同时不获得或极少获得财富。因为有些玩家想省去打游戏货币的过程而专心提升能力,所以这样的游戏会极大地刺激现实货币与游戏货币的交易。不过这样的模式也会有让那些整天打游戏货币的玩家丧失持续游戏的兴趣的风险。采用该模式的游戏有《梦幻西游》《征途》等。

财富作为能力成长的媒介指玩家要想获得能力的成长就必须以财富为代价获得其他玩家制造的游戏道具,而自己也需要通过满足别人的需要赚取自身发展所需要的财富。这样的设计能大大增强玩家之间的交互性,但其机械的模式可能会给玩家带来过于僵硬的感觉。采用该模式的游戏有《魔力宝贝》《九阴真经》等。

5.3.5　收费模式

收费模式是指产品获取利润的方式。单机游戏产品的收费模式较为单一,一般是出售游戏的副本或者授权码。但在中国网络游戏快速发展的短短十几年中,却出现了多种多样的收费模式。以下是网络游戏通常采用的四种收费模式。

1. 点卡计时

点卡计时是一种销售游戏时间的收费模式,在我国网络游戏发展的早期被广泛采用,具有代表性的游戏是《传奇》。其特点是在设计上严格维护"时间＝收益"这一准则,即玩家在游戏中耗费的时间基本决定了玩家的实力。

2. 月卡

月卡就是玩家付出月费后在一定时间内可以自由游戏,其本质和点卡计时一样,也是一种销售游戏时间的收费模式。玩家一旦充值月卡之后,无论游戏与否,一个月后其可用的游戏时长都会清零。

玩家支付月费之后,在游戏中都是平等的,玩家的实力和玩家的游戏时间具有正相关的关系。很多采用点卡计时的游戏也会同时提供月卡这种收费模式供玩家选择。采用这种计费模式的游戏有《剑侠情缘 3 Online》和《EVE Online》等。

此外,很多网络游戏中销售的季卡与年卡也具有和月卡一样的收费模式,只不过其销售的游戏时间长短不同。

3. 道具收费

道具收费的模式最先出现于私服。典型的案例是网络游戏《传奇》的私服为了吸引玩家而采用了这种收费模式。私服的游戏时间并不收费,凭借这一点优势,私服吸引了大批玩家入驻。但私服需要赢利,于是其便以销售游戏中的装备或者道具赚取利润。免费的游戏时间价值被付费的游戏装备道具价值所冲淡,游戏从"时间＝实力"逐渐变成"金钱＝实力"。

道具收费的模式发展到现在已经被大多数游戏所采用。MMORPG 类型游戏主要采用了"金钱＝实力"的思想设计游戏的经济系统,这类游戏中售卖的道具都具有正常游戏途径不产出或极难产出的特点,而且能对玩家有很大提升。但也有以销售不能提高角色属性的皮肤或时装类道具为主的游戏,例如《英雄联盟》《劲舞团》等。

4. 虚拟币收费

虚拟币收费的模式是一种新兴的游戏收费模式。采用该种收费模式的游戏有《征途 2》《九阴真经》等。这种收费模式是网络运营商销售玩家在游戏中可以少量获得的虚拟币从而取得利润的模式。

采用这种方式收费的网络游戏极大地鼓励玩家之间进行交易,因为交易时系统会向玩家收取一定比例的交易税从而达到回收虚拟币的作用。这种游戏的经济系统会设计得让玩家为满足自身需求或成为服务器的中上游玩家所需的虚拟币大大超出自己游戏中所能获得的数量,以此达到鼓励玩家充值的目的。这样就对稳定物价、保证虚拟币充当一般等价物、增大经济系统出口以回收货币提出了较高的要求。

5.4　关卡设计

5.4.1　关卡设计概述

关卡设计就是使用游戏的基本组件(用户界面、核心机制和游戏可玩性)设计和构建玩家体验的过程。简单来说,关卡设计就是设计场景和物品以及目标和任务,提供给玩家一个活动的舞台。

关卡实质是设计师所构建出来的游戏世界。《魔兽世界》中的一个副本、《极品飞车》系列中的一条赛道、《帝国时代》系列中的一张地图或是《仙剑奇侠传》系列中的一个迷宫都属于关卡的范畴。从表面上看,玩家在游戏世界中的行为是自由的,但其实玩家的行为是被关卡设计所严格局限的。关卡设计规定了玩家的目标,设计了完成目标的流程及在流程中穿插的各种谜题或障碍等。

5.4.2　关卡设计的要素

不同类型游戏中的关卡设计要素的区别是很大的,不过很多要素都是通用的,只是侧重的方面不一样。例如情节,在赛车类游戏中往往没有这个要素,但在角色扮演游戏中这个要素却是重中之重。因为不同类型游戏中玩家所关注的点是不一样的,可以想象玩家在玩赛车游戏时正玩到惊险刺激之处并处于亢奋状态时突然冒出一个浪漫的桥段会是多么糟糕的体验。

以下是一些经常会被用到的设计要素。

1. 地形

地形是一个游戏关卡的重要组成成分,在游戏中指游戏空间的独有性质。游戏空间包括地貌、建筑、空气等,而它们的性质指玩家是否能穿越它们、子弹或技能是否能穿过它们、空气是否能承载一些游戏元素等。

在《我的世界》中,玩家可以在空中盖起一个房屋,空气和地形在这款游戏中就起到了承载游戏元素的作用。此外,除了地形能否被穿越或能否承担物体等物理性质之外,地形还能被赋予一些在游戏中才能见到的特殊性质。例如在《三国志曹操传》中,关卡就是用平原、山地、兵营等地形拼接起来的。不同的兵种处在不同地形上时,他们发挥的战斗力都是不一样的,骑兵处在平原时能发挥出 110% 的战斗力,但到了树林却只能发挥出 90% 的战斗力,而贼兵在树林中则能发挥出 110% 的战斗力。除了对兵种的影响之外,地形还对很多技能的威力有影响,这就极大地增强了游戏的策略性,将战略游戏的"地利"因素很好地表现了出来,如图 5-7 所示。

2. 边界

边界是一个关卡的必然组成成分,关卡的大小总是有限的,因此必然会出现边界,这就需要设计师合理地将关卡的边界表现出来。

关卡边界的表现可以和《帝国时代 2》一样用黑色简单表示,也可以用迷雾、树林、海洋等表示。如果在室内,那么更为方便,只需要使用墙壁就能达到封闭的目的。

图 5-7　《三国志曹操传》中的地形

3．物品

物品包括装备、补血道具、宝箱等在关卡中可以交互的物体。游戏中各种物品的作用设定与安置摆放，对游戏的节奏和难度起着重要的平衡作用。

在游戏《魔塔》中，物品就扮演了关卡中的核心角色，游戏中的角色行动完全围绕物品展开。《魔塔》中的物品放置得恰到好处，熟悉物品的放置位置和取得难度才能在游戏中进入更高的层数乃至最后的通关，如图 5-8 所示。

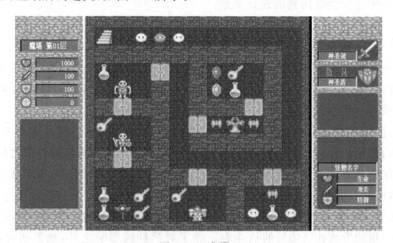

图 5-8　《魔塔》

4．敌人

关卡中敌人的数量、强度、位置等因素决定了玩家在关卡中的节奏与手感。敌人在关卡中的出现方式有剧情化确定的规模与种类，《抢滩登陆战 2012》中有类似于《雨血Ⅰ》的踩地雷方式，即到了某个设计好的位置就会出现敌人；也有大多数网络游戏所采用的刷新方式，即某个位置的敌人被消灭后过一段时间又会再次出现相同的敌人。

游戏设计师对敌人的产生有完全的控制能力。随着人工智能技术在游戏中使用得越来越多,设计师能给关卡中的敌人赋予一定的自由性与随机性。巧妙地利用人工智能技术能使关卡内容变得更加丰富,使玩家的代入感更强。

5.目标

每个关卡都应该确立玩家需要达成的目标,它可以是取得某样物品、击杀 Boss、触发某个机关等。目标应该明确简单,并且如果玩家的目标会经常发生改变,则要提供让玩家在关卡中能随时明确自己目标的方式。

关卡中最好能有帮助玩家达成目标的提示,因为大部分游戏的核心是在情节或战斗等上而并不在于捉迷藏,让玩家在寻找道路或道具上浪费太多时间是没有意义的。给玩家提示的方法可以是把一个大目标拆分成多个小目标分阶段达成;也可以在地图上放置路标,在小地图上出现方向提示;还可以让目标地点出现闪光或让游戏中的角色说话提示玩家等。

在玩家能力能获得成长的游戏中,如 RPG 类游戏,玩家在游戏中的目标可以分为前期目标与后期目标。前期目标是在游戏早期给玩家设定的目标,前期目标应该难度较低且玩家能在短时间内完成。与此相对的后期目标就可以有更大的难度,让玩家花费更多的时间,但同时完成目标时给予的奖励也要优于前期目标。

6.情节

情节是指故事的变化与经过。有些游戏没有情节要素,如早期的 FC 游戏《坦克大战》,不过大部分游戏都包含或多或少的情节。在关卡中可以通过过场动画交代情节,也可以在关卡进行中通过触发的事件加入情节要素,甚至有些游戏,如 FC 的《双截龙 2》只在开头和结尾通过字幕交代了故事的起因与结果,而夹杂在其中的经过完全通过玩家打通一个又一个关卡来体验。

5.4.3　关卡设计的步骤

1.阅读游戏设计文档

在设计关卡时首先要确保熟悉包含游戏背景、人物、机制的游戏论述文档。这个过程在游戏立项时期的讨论会上已经完成了,不过为了有的放矢,让设计出的关卡更符合项目需要,还是要通过会议、头脑风暴等可能的交流方式对关卡设计的思路达成一致。

2.确定游戏基本要素

在这个阶段,设计者需要确定关卡中玩家的操作方式、视角、通关目标等让一个关卡变得可玩的基本要素。在这个阶段还要考虑技术上的限制,如材质文件大小、多边形数量限制等,除技术限制以外还有非技术限制,如进度要求等。

3.平面关卡结构图

在这个阶段,关卡设计者利用 Photoshop 或 Visio 等软件将每个关卡的安排布置制作成关卡结构图。制作出来的关卡结构图不仅是日后利用引擎搭建关卡的依据,更重要的是,关卡设计者头脑中的关卡模样都是抽象且不容易传达的,制作成图表之后就能更直观、更细致地设计并听取其他人的建议。

4．游戏创意测试地图制作

这个阶段是关卡设计者灵感迸发的阶段。关卡设计者在这个阶段需要动手在游戏引擎或关卡设计软件中制作对应的测试关卡。此时设计者就可以把对游戏的种种灵感与创意在满足文档要求的前提下在关卡中体现出来，同时也可以研究其他优秀游戏的关卡设计，在实践中学习领会它们的设计精髓。在测试关卡制作出来之后，在其中进行实际的测试并接受其他测试者的反馈。

5．在引擎中搭建关卡

关卡设计的最后一步是使用确定的关卡结构图在游戏引擎中搭建关卡。关卡设计者必须保证玩家在关卡中每一个可能的活动或操作所产生的后果都在掌握之中，不会出现始料未及的情况，例如需要排除地形 Bug 以防角色被卡住导致游戏无法继续进行。这就需要设计者拥有足够的经验及大量的关卡测试。搭建关卡时经常会出现缺乏一些美术资源的情况，此时可以使用现有的资源库先行搭建，待有新制作的资源时再到游戏场景中替换。

5.4.4 关卡设计的规则

下面提供了一些在关卡设计中需要注意的规则，它们是在大量的游戏中被采用且通常是行之有效的。但这些规则并不是必须要遵守的，很多违背了这些规则的游戏同样可以非常有趣。

1．早期的新手关卡

新手关卡是玩家在游戏初期学习游戏全部基础玩法的地方，它向玩家传授游戏中的基础操作与游戏规则。新手关卡或者教学关卡是非常有必要的，尤其是在游戏中含有不同于其他大部分同类游戏的特色设计时。虽然随着电子游戏越来越流行，玩家上手游戏的速度会越来越快，但设计者还是要考虑那些初次接触该类型游戏的玩家。如果设计师觉得新手关卡对那些已经熟练玩过同类游戏的玩家来说太过无聊，大可给新手关卡加上一个跳过引导的功能。

2．资源复用

游戏制作得更为精简通常意味着游戏的潜在目标群体会更大，也就是说制作出来的游戏会被更多的人玩到，这一点在手机游戏上体现得尤为明显。游戏设计者应该在设计层面考虑减少游戏对硬件的需求。资源复用往往是一个通用的做法，因为这样在对游戏体验影响很小的情况下可以大大降低美术部门的工作量及缩减游戏的大小。很多游戏中都可以看到资源复用的身影，游戏《超级马里奥》及《魔兽争霸3》就很好地使用了资源复用的策略，有脚本基础的玩家可以很容易地利用《魔兽争霸3》的地图编辑器使用那些复用的资源制作出属于自己的关卡，如图 5-9 所示。

3．避免重复无聊

因为制作游戏的时间与成本总是有限的，考虑到资源复用的策略，游戏往往会呈现给玩

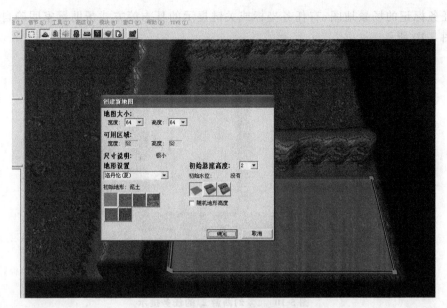

图 5-9　《魔兽争霸 3》地图编辑器

家很多重复的内容。在玩家体验这些重复内容的时候应设计得避免让玩家在这个过程中感到无聊。例如在网络游戏《传奇》中，玩家绝大部分时间都在单调地打怪，但因为每个怪都存在被"打爆"（指掉落大量金钱及道具装备等）和掉落极品装备的可能性，所以玩家在打每一个怪兽时除了固定的经验值收获以外，还有像在买一注彩票时有中奖的期待一样。这就是在重复的资源中加入了随机因素设计，这种设计让玩家乐此不疲地打一只又一只的怪物，刷一遍又一遍的 Boss。

4. 合理的难度

难度设计对一款游戏来说是极需技巧与经验的一个部分。难度过高极有可能会让玩家在失败几次之后放弃游戏，难度过低又可能会让玩家觉得游戏没有挑战性从而放弃游戏。所以在设计关卡时所要追求的目标是让玩家觉得游戏有一定的挑战性，没有一定的技巧或经验很难通过。

在设计关卡时必须考虑玩家并不是设计师，他并不通晓游戏的方方面面。玩同样难度的关卡设计师可能会感觉很简单，但玩家可能会感觉这一关很难通过。何况玩家的水平参差不齐，要想让所有玩家都觉得游戏难度设计得恰到好处是很困难的。为了尽量达到让游戏难度合理的目的，市面上很多 RPG 游戏都采用了让玩家根据自己的水平选择一个难度或者采用渐进的游戏难度策略，即开始时游戏关卡非常简单，随着游戏进程的推进，游戏难度逐渐加大。这些策略都是可以参考的，在实际的关卡设计时，应根据大部分游戏目标群体的水平确定游戏的难度。

5. 恰到好处的提示

很多玩家现在已经没有通读游戏对话或者任务说明的习惯了，在设计关卡时不能指望玩家依靠观察或者推理就明白自己应该在关卡中做什么。设计师需要依靠醒目的标志提示、有任务标记的场景地图、有任务坐标或关键提示的日志等方式帮助玩家明确自己的目标，如图 5-10 所示。

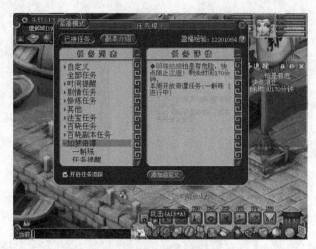

图 5-10   《梦幻西游 2》的任务提示

6．让玩家感知进步

游戏应当在玩家通关之后对玩家的表现给予奖励或记录，否则玩家就难以拥有通关后成功的喜悦。小到 Windows 系统自带的《扫雷》与红极一时的 *Flappy Bird* 的最高成绩纪录，大到 MMORPG 类型游戏通关副本后掉落的一地装备，都是对玩家优秀游戏行为的一种肯定。玩家在打通关卡之后会在游戏技巧或经验方面得到一点点进步，不过玩家难以察觉这种进步。通过最高分、星星数等形式则可以让玩家直观地感受到自己的进步。人类在学习或进步时会感觉到喜悦，这是人类的本能。这种本能吸引着玩家不断地追求更高的分数、更强力的装备及更高的人物等级。

5.4.5   测试与改进

当关卡初步制作完成的时候，即测试者能在游戏当中实实在在地体验关卡的时候，设计师还需要将实际游戏的感觉与当初设计时的初衷进行对比，寻找关卡的漏洞（尤其是 3D 关卡），不断地调整与优化关卡。然后把关卡给更多的测试人员试玩，听取他们的感受与意见，再进行修改。优秀的关卡并不是一蹴而就的，积极的改进能让关卡变得更完美。

思考题

1．选择一个已通关的游戏，运用已有知识还原该游戏的策划案。
2．为第 1 题所选择的游戏设计一个新的关卡。
3．继续完善桌面游戏的设计细节。

第 6 章

游 戏 美 术

当玩家接触一款游戏时,他目之所及的画面都属于游戏美术设计的工作范围。游戏美术设计是游戏制作中最为重要的工作之一,游戏所有的构建和进展都必须附着在具象化、视觉化的美术素材之上。游戏中优美宏大的场景、生动细腻的角色以及华丽炫酷的特效,都比剧情内容和技能玩法更能在第一时间触及玩家的神经。

6.1 游戏美术概述

一般来说,游戏公司在制作一款游戏之前,首先需要根据市场部的需求和制作人的要求确定游戏的类型和题材,再根据题材确定一款游戏的美术风格。游戏美术风格是游戏产品的视觉外现,决定了游戏带给玩家的最直观的视觉感受,是玩家真正开始身临其境地感受游戏世界的入口。游戏的美术风格由游戏中的角色风格、场景风格、色调、材质风格、光影效果、UI 风格、动态元素风格共同组成。最先决定游戏风格的是游戏类型。游戏美术的分类标准有很多,可以将游戏美术的表现形式粗略地归纳为像素风格、卡通风格、写实风格。将游戏按照引擎的画面表现可以归纳为粗像素点阵风格、细像素点阵风格、2D 矢量风格、3D 纯漫反射贴图风格、次世代写实风格(采用更高端的贴图和建模方法,其画面更为细腻和真实)等。

游戏世界观确定设计元素、角色场景造型、色彩关系、动态元素风格及 UI 视觉效果的内容,因此在研究游戏美术风格时可以先从游戏世界观入手。世界观是整个游戏所基于的背景资料。大到游戏中的政治、经济、文化、宗教的表现,小到具体的关卡设计、场景设计、角色设计,都属于世界观的范畴。世界观在一定程度上决定了游戏的代入感,而游戏的视觉表现又是烘托游戏世界观的重要手段,所以可以说,游戏美术的视觉元素对提高游戏代入感方面有重大贡献。在游戏美术设计的过程中,游戏中出现的所有角色、场景甚至 UI 界面所选取的设计元素都要和游戏世界观高度统一,一旦两者违和,则会破坏游戏的真实感。此外,游戏世界观同样左右了游戏的角色场景造型、色彩关系、动态元素风格及 UI 视觉效果等方面,但并不是从复杂程度、差异性及趣味性的角度影响,而是从内容的角度影响,要求这些视觉元素在设计时要尽量做到在游戏世界或特定世界观下的相对真实。

游戏美术设计与制作是一个协调性较强的工作,它需要团队成员根据游戏策划方案共同协作完成。其主要工作包括游戏概念设计、三维建模、动画制作、界面设计、粒子特效等。

6.2　游戏概念设计

游戏概念设计也被称为游戏原画设计,它涵盖了游戏中的角色、场景、道具等一切出现在画面中的元素。游戏概念设计对游戏的视觉质量而言至关重要,通常由经验丰富、技巧高超的主美术师进行,岗位竞争激烈。

游戏概念设计的本质是创意视觉化,设计师需要对游戏中的文化元素进行研究和整合,然后在此基础上根据游戏设计文档(包括游戏故事背景、游戏剧情、任务创作)创造一个可信、符合逻辑、各部分有机联系的视觉体系。

合理的原画设计是游戏美术其他环节工作的保障,在完成的原画设计图中常常会有文字说明、注解,以确保设计者的意图准确地传达给其他美术人员。概念设计融合了绘画、影视、文学、建筑、宗教、哲学等众多的混合学科,在完成概念设计的过程中需要不断打磨细节,关注设计的文化内涵与创新性。

以下针对游戏中的角色、场景与道具设计分别进行介绍。

6.2.1　游戏角色设计

游戏角色设计包括 PC(Player Character)玩家角色与 NPC(Non Player Characters)非玩家角色两大类。前者指玩家控制的角色,后者指由游戏程序控制的角色。角色设计需要根据游戏策划对角色的个性和背景进行文学描述,将这个角色的个性和外观用视觉手段传达出来。游戏角色设计包含深层次的文化内涵和审美观。同时,游戏角色设计要符合游戏市场受众的定位,也就是说,要针对特定的消费群体开发,原画设计师有必要了解游戏角色设计会受到何种非艺术因素的影响。

游戏角色策划案主要包括角色详尽的个人档案,为原画师全面理解、再现游戏角色提供了依据。这份个人档案包括角色的各种信息:生活环境(角色生活世界的文化背景、历史背景、特定环境)、家庭成员、职业、技能、身体健康状况、体型、审美趣味、性格特征、爱好等,根据以上信息画出角色的种类、轮廓、重量分配、体型、姿态、性别的轮廓草图。高品质的角色设计应该具备以下特点。

1. 鲜明的个性

游戏角色的个性体现在角色的言谈举止、着装、身份、体态、爱好上,角色个性表达角色外表下的内心世界,鲜明的角色个性能赋予游戏角色生命活力。

2. 趣味的造型

造型的趣味性取决于艺术指导方向,有意识地运用形体的对比、比例、肢体语言等因素,或者加入"拟人化"的情感因素以强化角色的个性。

3. 高度可信

在完成角色设计的过程中,从所设计角色的位置思考问题,思考人物所处的生活环境,角色的道具、服饰揭示了何种时代背景、技术条件,在确立了角色的比例、体型、结构以后逐步添加道具,使游戏角色更符合角色所处的世界,从而增强角色的可信度。

4．合理的解剖结构

游戏所有的人型角色和怪兽都应该建立在合理的解剖结构之上。合理的解剖结构支撑着生物体的运动功能和重力反应,能够增加角色的可信度和真实感。

5．易于制作模型及动画

角色的结构应易于绑定和蒙皮,易于制作模型和动画,尤其是毛发、织物和锁链等元素,更应谨慎设计,使之适合开发团队的艺术水平和基数上限。

6．标注文字

在完成原画设计之后,需要对设计图做出文字说明和注解,以确保将设计意图传达给其他美术设计人员。

6.2.2　游戏场景设计

游戏场景是游戏角色存身的场所,是其赖以生存的空间和环境,是游戏剧情展开的背景,是游戏设计得以施展的舞台。

游戏场景原画设计如同电影中的场景设计:在影视创作中,美术师要根据导演的总体要求实施和营造导演的创作意图,通过展现场景的空间构成交代人物活动和场面调度的关系;而游戏场景设计的目的是创造一个能使玩家感受到的远比真实世界更加"有趣"的虚拟空间。游戏世界的可信度来源于真实世界,但是又超越了现实,通过对空间、结构、造型的设计,游戏的氛围和情绪得以升华,增加玩家继续探索游戏世界的热情。

场景的原画设计需要完成视觉效果图和环境平面图两大部分,主要内容包括场景光线的预想效果;场景的整体材质、纹理预想效果;场景结构关系、布局的设计蓝图。在游戏策划提供的游戏世界观、游戏角色信息等基础上,结合个人理解和知识储备,创造对场景的视觉化"模拟"。

游戏环境原画不同于建筑效果图,因为游戏剧情可以通过场景转换不断推进,所以它既要照顾游戏环境风格的整体,又要照顾关卡之间的联系和区别。游戏场景原画应遵循为游戏剧情服务的原则,可以借鉴建筑设计对空间、造型的设计理念,遵守透视法则,在二维平面上模拟三维空间的法则和规律,从而创造出更有视觉趣味和意义的游戏环境。

在实际的美术制作开始之前,场景原画设计事先确立场景的形式、细节、结构,此举可以节省实际制作时的时间和资金。

6.2.3　游戏道具设计

游戏道具设计是辅助游戏角色的重要组成部分,有助于构建游戏虚拟世界的真实感。道具设计要合乎一定范围内的功能和视觉逻辑,反映角色的性格,体现趣味性和审美性。

设计中,要理解道具是塑造人物角色个性的重要元素,无论工具还是武器,都是人物个性的外在延展。

而且,游戏道具大部分都可以和玩家互动,因此道具设计要在保证视觉美感的前提下,具有符合功能的结构。从这个意义上讲,道具设计和工业产品设计的过程很接近,不仅要考虑功能和外观,还要考虑人机工学。如果能够在设计图上作出关于功能和结构的详细注解,那么将为建模和贴图工作提供可靠的依据。

创造视觉体验是概念设计师的看家本领,只有不断提高个人的艺术素质才是成为"大触"的关键。在理论学习方面,概念设计师除了一般的美术知识和设计基础外,还需要具备美学、历史、科学等综合知识。学习多元化专业知识的能力对概念设计师而言尤为重要。

6.3　游戏用户界面设计

游戏用户界面设计是指对游戏中与玩家具有交互功能的视觉元素进行规划和设计的活动,游戏用户界面又被称为游戏 UI(User Interface)设计。游戏中的很多操作是由界面承载的,界面包括游戏主界面、二级界面、弹出界面等很多种类,涵盖游戏前的安装登录界面与游戏中的界面。著名的游戏开发者 Bill Volk 曾经对游戏设计写下了一个等式,即"界面+产品要素=游戏",强调了游戏界面在游戏设计中的重要地位。

在 UI 设计之初,设计师应该向游戏策划了解游戏世界观、游戏玩法、目标受众、游戏风格、整体色调等以确定游戏界面的美术风格,选择界面设计的可用元素。在充分了解游戏之后搭建界面框架,从游戏主界面层层深入进行设计,如常用界面、弹出框、功能按钮、技能图标等。在搭建框架的过程中,应该首先确立界面的设计规范,菜单层级数量尽量控制在三级,不宜超过四级。此后根据用户习惯规划显示区域、操作区域、执行按钮区域等,并制作草稿。最后,根据框架和原画确立 UI 的设计风格,确保 UI 和游戏整体风格相统一。

6.3.1　游戏用户界面功能

在设计用户界面时,首先要定义它的用途。最重要的三个考量方面是交互功能、信息传达和娱乐体验。

1. 交互功能

界面可以让玩家与游戏进行交互,无论游戏是由几行简单的文本还是三维图形组成的。界面的首要用途是在游戏逻辑和玩家之间转换数据。没有界面,就无法进行游戏了,界面让玩家对游戏事件做出响应并影响游戏世界。游戏界面存在的意义是实现游戏参与者与游戏之间的交流互动,这里的交流包括玩家对游戏的控制以及游戏给玩家提供的信息反馈,即所谓的输入输出,或者说控制与反馈。

2. 信息传达

界面显示有关游戏中的环境、人物、对象和事件的信息,此信息可以让玩家作出决定。一般来说,界面的信息由文字和图像混排而成,但图像的信息量更大,也更为直观。

3. 娱乐体验

如果界面看上去很有趣,那么就能起到锦上添花的作用。一般玩家都喜欢那些拥有优质画面的游戏,认为视觉效果起到的作用甚至与最精彩的故事情节相同。此外,详细的插图可以让玩家很好地了解每个人物的形象或者环境的特点。

以上问题决定界面设计的方法,而且从这三个问题可以很明确地得到界面设计的任务:必须创建一种使玩家与游戏交互的方法,它将以生动有趣的方式提供所有必需的信息。

6.3.2　游戏用户界面设计原则

游戏用户界面是玩家与游戏进行交互的操作方式,即用户与机器互相传递信息的媒介,其中包括信息的输入和输出。游戏作为一种特殊的软件,其界面设计原理与其他软件相同,但是具有更多的封闭性、界限性、沉浸性和娱乐性。游戏界面将系统信息显示给用户,帮助用户选择正确的输入指令:菜单、图标、热键,在保持一致性、可读性、效率性等原则的基础上,更多地要照顾玩家的沉浸体验。良好的用户界面美观易懂、操作简单且具有引导功能,使用户感觉愉快、兴趣增强,从而提高使用效率。设计出色的游戏用户界面,玩家很难发现它的存在,能够巧妙地引导玩家,同时让玩家感觉到控制的自由。

《帝国时代》(Age of Empire)的设计师曾提出了“前十五分钟法则”:一个游戏,如果初级玩家不能在十五分钟之内学会游戏操作方法而进入游戏,或者资深玩家不能在十五分钟之内对这个游戏产生兴趣,那么这个游戏就会被舍弃。因此,人机界面对初级玩家来说容易理解,对高级玩家来说具有挑战性的设计。游戏界面设计的最高水平是人化无形。简单地说,就是整个界面协调自然,完全符合用户的认知心理和视觉习惯,在受到玩家喜爱的同时,又不会引起玩家的过分注意,不会对玩家产生记忆负担。用户在游戏过程中完全投入到游戏世界中,就像游戏界面编程不存在一样。不同的游戏界面美术设计虽然风格各不相同,但是它们都有一定的原则可寻。

1. 一致性原则

一致性对于界面设计非常重要。在玩家从一个界面切换到另一个界面之后,操作风格不要发生太大变化。游戏界面所包含的元素是极为广泛的,但在运用中却只能有选择、有侧重、有强调地进行表现。设计元素虽多,但仍是一个不可分割的整体。最好在游戏各处以相同方式做相同的事,能够始终在相同位置找到重要信息。

(1) 设计目标一致

界面中往往存在多个组成部分(组件、元素)。不同组成部分之间的设计目标需要一致。

(2) 元素外观一致

界面中的整体颜色、字体、按钮等元素要一致,给玩家带来整体一致的感官效果。即使要通过对比使某一方更突出,也应该保持内在风格的统一。一致性原则并不是呆板地要求在整个游戏中都使用同样的屏幕布局,而是建议在布局中使用相同的逻辑,可以让玩家预感到在哪里可以找到信息以及在游戏的不同部分中如何执行命令。

(3) 交互行为一致

在交互模型中,用户触发不同类型的元素所对应的事件后,其交互行为需要一致。一些优秀游戏特别注意界面的一致性,游戏的一些基本命令以相同的使用方式贯穿游戏始终。在游戏的任何阶段,玩家还可以将鼠标指针放在建筑、人物和道具上以查看提示和简要描述。

(4) 游戏界面和游戏世界风格一致

游戏界面美术风格应该符合游戏世界观、游戏玩法、目标受众、游戏风格、整体色调等,根据游戏世界风格选择界面设计的可用元素,从而增强游戏世界的真实性和沉浸感。

2. 功能性原则

游戏界面美术设计建立在界面功能基础上,美术设计并非意味着单纯美观的表现而忽略功能。一个能够实现游戏功能的界面才是可用的。

(1) 易于理解,具备一定的自解释性

游戏界面应该具有一定的自解释性。自解释性是指玩家只看界面就能够了解游戏的功能,如门把手,看到它的形状玩家就会知道要用手握住它往下按。当用户拿到游戏后,大部分人不会阅读说明书,而是直接开始玩,并通过用户界面进行游戏内容和交互方式的了解。游戏者并不是典型的软件用户,他们没有兴趣学习大量的新特征和新功能,玩家接触一款游戏是先从接触界面开始的,界面设计需要正确的界面元素,这些元素可以让玩家一眼就看到"目标",简洁明了地告诉玩家游戏内容和游戏规则等。所以当设计用户界面时,应该使它更容易让人理解和接受。设计的第一个目标应该是让游戏及其界面尽可能地符合直觉,使界面具有自解释性。界面的设计可以由易到难,慢慢地深入到游戏的结构中。

(2) 综合集成界面,兼顾界面的可扩展性

实现信息简化,将一些功能性界面放在非玩家人物界面上,游戏场景界面尽量简练和精致。对于游戏来说,目标就是要让界面越来越深入到游戏的结构中。从设计流程上讲,首先应该将游戏功能分类清晰,然后再设计界面,尽量考虑资源的通用性。此外,游戏需要根据用户的反馈信息不断设计,在设计时就要充分考虑用户界面的可扩展性,以便后期的维护升级。

3. 简单性原则

游戏 UI 设计要力求简单朴素,过分修饰、过于烦琐的游戏界面会使玩家不能集中精力于游戏世界,影响玩家对游戏的接受度。一个出色的设计是高度概括和浓缩的,要简化到不能再简化的地步。有一个需要 UI 设计师面对的矛盾:一方面大量的数据信息需要提供给玩家知道;另一方面屏幕空间被占用得越少越好,任何设计都是对许多矛盾的折中的产物。界面是可以决定游戏性的,游戏性首先需要考虑的是游戏的易上手性(简单性),太过复杂的界面会让玩家望而却步。

游戏界面美术设计还要考虑界面的空间利用,需要合理的布局和设计,注意简洁的同时还要注意视觉舒服美观,使游戏界面美术设计成为游戏有利的辅助项目。玩游戏就是为了娱乐,轻松就是目的,千万别指望玩家会像学习开车那样学习游戏操作。游戏所表达的内容有主次之分,并不是信息越多越好,在界面美术设计中也要考虑信息内容的复杂度,一定要做到适可而止。复杂的界面和操作将会使所有的努力付诸东流。

4. 美观性原则

美观性是指游戏界面在设计时要符合美学规律,界面的尺寸、颜色、布局都能够相互协调、相互统一,感觉协调舒适,能在有效的范围内吸引用户的注意力。

(1) 美观与协调性细则

长和宽接近黄金点比例,切忌长宽比例失调。布局要合理,不宜过于密集,也不能过于

空旷,要合理地利用空间。按钮大小要基本相近,忌用太长的名称,免得占用过多的界面位置。按钮的大小要与界面的大小和空间相协调。避免在空旷的界面上放置很大的按钮。放置完控件后的界面不应有很大的空缺,避免构图失衡。字体的大小要与界面的大小比例协调,通常使用 9 号至 12 号字较为美观,很少使用过大或过小的字体。前景与背景色的搭配要合理协调,不应影响连续性,最好少用纯色(如大红、大绿等)。主色要柔和,具有亲和力与磁力,坚决杜绝刺眼的颜色。

界面风格要保持一致,字的大小、颜色、字体要相同,除非是需要艺术处理或有特殊要求的地方。如果窗口支持最小化、最大化或放大,窗口的布局也要随着窗口而缩放;切忌只放大窗口而忽略布局的缩放。对于含有按钮的界面,一般不应该支持缩放,即窗口右上角只有"关闭"按钮。通常弹出窗口没有必要缩放。如果窗口图文过多,则尽可能使用翻页或卷屏设计,避免窗口超出屏幕范围。

(2) 独特性

如果一味地遵循业界的界面标准,则会丧失自己的个性。在框架符合以上规范的情况下,设计具有自己独特风格的界面尤为重要,尤其在商业软件流通中有着潜移默化的广告效用。总体来说,界面对一款游戏的成败影响是巨大的,由于游戏最强调的是表现力,因此人机交互界面的好坏直接关系到游戏在玩家心目中的地位,优秀的界面设计师可以让玩家在看到游戏界面的第一眼就对游戏产生兴趣。总之,游戏界面设计是设计人员与玩家之间的一种交流,用户的需求应当始终贯穿在整个设计过程之中。但这并不意味着游戏软件的易用性可以凌驾于其他因素之上,所有伟大的设计都是技术与艺术的综合之美,要在可靠性、安全性、易用性、成本和性能之间寻求平衡与和谐。

5. 容错原则

《人本界面》一书中探讨了人类大脑的工作原理,认为计算机作为一种工具要针对人类心智能力上的特点设计,人机界面应根据人类的能力和缺点开发,使用户成为一个愉快和高效的人。玩家是人而不是机器,在判断和使用上的错误在所难免。游戏界面设计应具有一定的容错性和防错性,在设计时应有点错返回或反悔的设置,具有较强的包容性。误操作、按键连击等均有可能导致错误的发生,巧妙地进行程序和图形设计可以减少此类因素造成的错误。

6. 习惯原则

数字游戏经过几十年的发展,无论在技术还是画面上都以惊人的速度不断突破,但时至今日,游戏操作界面上的操控并没有发生太多改变,游戏手柄按键的位置基本都没有太大的变动,因为很多玩家已经养成了操控习惯,开发者们都知道尊重习惯非常有利于玩家直接上手,防止陌生感。因此,游戏界面设计和按键操控要尽量符合大多数玩家的一般习惯,尽量与现时段同类型游戏的操控相一致。

例如:Enter 键在游戏交互中代表确定,聊天窗口和对话框大多在游戏画面下端,A、W、S、D 键控制上、下、左、右移动,触屏上双指滑动可以放大或缩小……新玩家如果玩过其他类似的游戏,就会很轻松地掌握新的游戏。

对于游戏界面设计师而言,只掌握美术技巧、软件技能和平面设计理论还远远不够,设计师需要了解游戏理论的各个方面,做好充分的前期资料收集工作,深入理解玩家的普遍心理。

游戏并非纯粹的艺术品,是需要与用户进行交流和互动的娱乐产品。虽然美术设计可以提高游戏的第一观感,但玩家很快会厌倦表面上的华丽。设计师只有深入了解一个游戏的本质内涵和用户价值,准确把握游戏风格,才能通过游戏界面使游戏的艺术表现和用户体验实现内与外的和谐统一。

6.4　游戏三维美术

游戏三维美术的工作内容包括根据游戏概念设计对角色、场景、道具等物件进行模型创建,对贴图进行 UV 分割和绘制,对模型进行绑定和动画等。

对于不同的游戏项目,三维美术的复杂程度和制作流程也有所区别,但一般来说,该部分的制作工作都比较烦琐,需要依照概念设计师提供的原画进行制作,不能随意发挥。

在制作游戏角色模型之前,美术师要对概念设计进行分析,以自己的理解制作出符合游戏风格的模型。在概念设计图上绘制出的角色原画,包括正视图、侧视图和后视图。有了这些视图,三维美术工作才能有序开展。另外,三维美术师需要对角色的类型进行分析,如果是动物和怪物模型,在制作之前要对所制作角色的形体、造型以及生活的环境等进行仔细的分析。如果是人物,还需要对人物的性格和服饰进行仔细分析,在充分了解之后绘制角色的基本结构图,以便在以后的制作中准确地把握形体和合理利用贴图资源,更好地对角色进行刻画。

三维美术创作的技术十分复杂,为了易于理解,可以将其类比为灯笼的制作:先用细竹丝搭建形状的线框,然后再用彩纸填充线框,最后围成一个立体的花灯。只不过,游戏中的模型没有实体,只是一些虚拟的数据,从顶点连成多边形,然后加入材质、布置光照,最后光栅化、显示。

6.4.1　三维模型制作

三维模型制作是游戏美术制作的核心,简称建模(modeling)。

通俗来说,建模就是通过三维软件在虚拟三维空间中构建出具有三维数据的模型。

三维建模的方法不一而足,在不同的行业和领域中有不同的工作流程和文件格式。例如,机械设计一般采用 ProE 进行建模,建筑设计一般采用 Sketchup 进行早期创意,而服装设计则采用 Marvelous Designer 进行裁剪。

游戏行业常用的建模软件有 Autodesk 公司的 Maya 和 3ds Max、Pixologic 公司的 ZBrush、Maxon Computer 公司的 CINEMA 4D,还有开源的 Blender 等。这些软件的建模方法大同小异,一般只要熟练掌握其中一款软件,就可以导出通用的模型格式,在各个引擎中使用。但是,这些软件各有不足和优势,可以根据人员素质、团队规模、投资预算等灵活选用。

建模是一个将概念三维视觉化的过程,概念设计是建模的指导和基础。如果概念设计师提供的原画比较精细,有多个视图而且姿势标准,则可以按照三视图的方法将其导入 3D 软件,根据轮廓线确定模型的具体结构。但在很多情况下,原画只是一个概念上的表达,只有某个角度的效果图,没有正面和侧面的标准视图。而且,原画可能出现透视不准确、细节交代模糊等缺陷。这便要求三维模型师具有良好的美术功底和造型能力,能在任意角度转换思维,通过效果图推敲出三维空间中的造型。

除此而外,在实际建模前还需要掌握一些基础的 CG 概念,理解计算机表达三维图形的方式。

在计算机中,人们所看到的一切虚拟物体,如山川、河流、建筑、人物等,都是以数学的方式描述的。计算机一般以多边形(polygon)的方式对三维物体进行存储和运算。为了理解方便,可以简单地认为,这是一种用点、线、面描述三维物体的方法。

其中,点或顶点(vertex)是三维模型的最小构成元素。顶点是两条或多条边交汇的地方。在 3D 模型中,一个顶点可以为多条边、面或多边形共享。例如,一个立方体的三维模型至少需要 8 个顶点描述,而一个四面体则至少需要 4 个顶点。

两个顶点相连会产生边,边使顶点有了顺序和联系。多个边(edge)可以构成一个线框(wireframe),线框一般用来更为直观地显示三维物体。

而三条边首尾相连就可以产生一个多边形(polygon),称三条边的多边形为三角面。三角面是游戏模型最基础的形式,而四角面及多角面则较为少用。多个三角面相互连接可以围成千姿百态的三维形态。例如,立方体一般有 12 个三角面,而四面体一般有 4 个三角面。

三角面的数量决定了游戏模型的精度。一般来说,面数越高的模型细节越多,效果也越逼真,但是其消耗的计算资源也越多。对于不同的游戏主机而言,它们处理三角面的运算能力各有高低,需要根据平台的运算能力确定场景中三角面的数量上限,以免游戏在运行时出现卡顿。早期的游戏平台性能十分有限,一个角色的三角面最多不过几百个;而到了现代,游戏机的性能大幅进步,角色的三角面则动辄几千甚至上万个。

当游戏中有了面之后,就可以在面上进行贴图的绘制,使模型出现细腻的颜色、纹理和图案,甚至可以用贴图模拟细微的表面凹凸、反光度和粗糙度,创造出水泥、金属、塑料、陶瓷等不同的材质效果。

最后,需要给模型添加光照,通过计算光线与面的夹角得出不同朝向表面的应有亮度。通常把三角面的朝向称为法线(normal)方向,将光照过程称为着色(shading),将着色的具体算法称为着色器(shader)。

下面对三维美术的各阶段工作进行简单介绍。

1. 基本建模

基本建模是指在三维软件(如 3ds Max、Maya)中,以立方体、圆柱体和球体等标准几何对象,或者以矩形、折线等二维图形为基础进行建模的方法。三维软件中默认提供的三维几何对象看似简单,却非常实用,很多复杂的对象都可以由这些模型加工而成。而二维图形,如贝塞尔曲线和折线,可以通过修改器生成更为灵活的三维图形。

基本建模方法经常用来创建一些比较规则的模型,例如卡通机器人、兵器或者场景中的摆设等。

2. 网格和多边形建模

网格和多边形建模是最为常用的建模方法。这两种方法最初是为了满足游戏产业中越来越多的复杂物体而开发的,具有极高的灵活性。因此,三维游戏中的角色和场景大多采用类似的方法建模。

多边形建模和网格建模非常相似,区别仅在于定义的形体的基础面不同。网格建模以三角面或者四角面为次对象,而多边形建模则以包含任意顶点的多边形面为次对象。在多边形对象的次对象中没有了三角面次对象,因而出现了一种被称为边界的次对象类型,这使其操作更加灵活。网格对象和多边形对象属于非参数化对象,需要从基本类型(如立方体和球形)转换得到,也可以从编辑修改器的结果中产生。

一般来说,将对象转换为网格或多边形对象的方法有两种:一种是右击对象将其转换为网格或多边形,另一种是在修改器列表中选择相应的编辑网格或编辑多边形修改器。两者的不同之处是使用修改器的方法可以保留对象的创建参数和使用过的修改器,可以随时对网格对象进行编辑。

3. 细分曲面建模

细分曲面建模是指通过对多边形进行多次细分从而达到光滑细腻效果的建模技术,可以使复杂的角色建模过程变得简单高效,是一种交互性更强和更直观的角色建模技术。3dsMax 支持多种细分曲面,如 HSDS 修改器提供层次细分曲面;网格平滑或涡轮平滑修改器提供平滑。此建模方法通常作为多边形建模方法的补充,目的是使建模对象具有平滑的效果。

4. 雕刻与拓扑建模

Zbrush 和 Mudbox 等软件提供了一种类似雕塑的建模方法,它模仿现实中的笔刷和刻刀,以更加自然的手法对数字物体进行塑造。这种建模方法不需要太多地考虑布线和面片的因素,可以通过堆积、平滑、涂抹、雕刻等笔刷对模型进行形体上的细节塑造。相较前述的几种建模方法而言,这种方法可以制作出细节更为丰富的模型。不过,雕刻产生的模型一般面数过高,不能直接在游戏中使用,因此,后续还需要采用拓扑方法重新布线,并烘焙法线贴图,以减少面片的数量。这一流程在次时代游戏中已经成为标准技术。

5. 面片建模

面片是 Beizer 面片的简称。面片模型的表面是由 Beizer 曲线定义的,是一种可变形的对象,它的优势在于能够以较少的节点制作出光滑的无缝表面,并且易于控制。相对于网格建模或多边形建模而言,面片建模更适合制作曲面变化比较丰富的模型,特别是有机角色模型的制作。不过,随着更为直观的雕刻建模流程的发展,面片建模逐渐淡出了行业应用。

6. 曲面建模

NURBS 是曲面建模的行业标准,在 3ds Max、Rhinoceros 等软件中都有应用,不过在游戏中较少使用。NURBS 是 Non-Uniform Rational B-Splines 的缩写,意思是非均匀有理数 B 样条曲线。NURBS 曲面建模是指用 NURBS 曲线定义模型表面的方式,适用于使用复杂的曲线建模曲面。NURBS 曲线和 NURBS 曲面在传统的制图领域是不存在的,是为使用计算机 3D 建模而专门建立的。在 3D 建模的内部空间用曲线和曲面表现轮廓和外形,其优点是能够更好地调节模型的表面精度,从而创建出更逼真和生动的造型。

以上这些建模方法各有优势和劣势,除后两种方法在游戏行业中较少应用外,其余均大量使用,需要熟练掌握。

6.4.2　模型贴图绘制

游戏贴图(texture)是指包括贴图、材质以及纹理在内的一切投映到三维模型表层的能够表现物质色彩、材质和纹理的平面图形。

贴图通过将二维图片附着在三维模型上丰富模型的细节,产生五彩斑斓的效果。可以简单地做一个类比,将三维模型比作素色的泥坯,将贴图比作给泥坯涂色。通过贴图技术,模型可以对固有色、反射光和漫反射光分别进行处理,模拟出逼真的效果。

在次世代游戏中,虚拟的世界几乎可以乱真。而构建这个想象世界就需要用到大量的贴图,它是由颜色贴图、法线贴图、高光贴图、AO 贴图、自发光贴图、透明贴图、视差贴图、置换贴图组合而成的一整套资源。这些贴图技术的使用提升了游戏画面的真实度和细腻感。

贴图绘制是一个较为复杂的过程。画贴图前,首先需要在软件中分配各个面片对应的图片位置,即对模型进行 UV 的展开,也称为展贴图(UV mapping)或展 UV。

UV 坐标是纹理贴图坐标的简称,指(u,v)坐标(类似普通坐标系中的 x、y、z)。一般指定水平方向是 U,垂直方向是 V,通过这个二维的 UV 坐标系可以指定三维模型上任意一个位置的对应贴图。游戏中的三维物体的每一个顶点都有对应的二维的 UV 点。UV 就是将图像上的每一个点精确对应到三维模型表面的坐标。

一般来说,用于非有机结构的纹理贴图相对简单,而复杂的角色人物则较为复杂,需要更多的维度进行分配。可以使用 Unfold 3D、UnwrapTools 等软件或插件协助 UV 的展开,使三维模型的各个表面尽可能均匀、正确地分配到二维图片上。如果没有展开 UV 就匆忙绘制贴图,则有可能会出现贴图变形、拉伸等问题。

当展 UV 的环节完成后,就可以进行贴图绘制了。常用的方法有平面绘制和三维绘制两种流程。

平面绘制贴图的方式出现较早。美术师首先把贴图导入 Photoshop 等绘图工具,提取出其中的线框部分,再新建一个图层,在新的图层上对照线框进行绘画。等贴图绘制完成后,再导入三维软件进行观察。

而三维绘制贴图则更加直观,美术师可以直接在三维空间中对模型的表面进行绘制,实时观察贴图的效果。这个流程常用的工具有 Substance Painter、Mari 等软件,可以同时对法线、固有色等多个图层进行绘制。

一般来说,贴图的分辨率越高,模型的细节就越丰富。为了让贴图的利用更加有效率,建议贴图的尺寸采用 1024×1024 像素、2048×2048 像素等 2 的整次幂数,并且在展 UV 时尽量利用好贴图上的每一块面积。

不过,无论贴图多么精细,它的分辨率终究有限;但三维模型则可以通过摄像机的透视无限放大。因此,在游戏渲染时,贴图会随时被拉伸和缩放。渲染程序通过对贴图像素之间的间隙进行插值处理,使之更加平滑自然,这一过程会消耗一定的计算资源。为了加速和优化贴图的缩放,游戏中有时会采用 dds 等特殊的贴图格式。其他常用的贴图格式有 jpg、 png、tga 等。

通常,贴图是游戏中占用最多存储空间的数据类型。因此,合理分配 UV 布局以及优化贴图是提高游戏运算能力的关键。

6.4.3　贴图分类

贴图基于不同的流程和标准,可以划分为多种类型,能够产生不同的作用。以下对常见的几种贴图类型进行简单介绍。

1. 漫反射贴图

漫反射贴图(Diffuse Map)包含了物体的颜色信息,是最为基础的贴图类型。早期的游戏会把光照、凹凸、阴影都烘焙到漫反射贴图中,属于“一步到位”的制作方式。这种流程的优点在于效果统一、运算快捷;但高光不能随玩家视角移动,也不与光线互动。因此在新的流程中,漫反射贴图仅用来提供物体的固有色信息,其余信息由其他贴图提供,如图 6-1 所示。

2. 凹凸贴图

凹凸贴图(Bump Map)可以用来简单模拟物体表面较为细微的凹凸不平。例如,把一张砖块的贴图赋予一个平面,经过处理后,这个平面就会变成一面参差不齐的砖墙。当然,使用凹凸贴图产生的凹凸效果十分有限,其光影的方向和角度不够精确,也不能产生高低错落,如图 6-2 所示。

3. 法线贴图

法线贴图(Normal Map)可以被简单理解为一种更高级的凹凸贴图,它通过 R、G、B 三个颜色通道标记法线 x、y、z 的方向分量,从而模拟出精确的微小凹凸。法线贴图的原理和凹凸贴图不同,它通过生成一个与原来的低精度模型表面平行的新表面,模拟出高精度模型特有的精细效果,产生精确的光照、阴影和环境反射。可以说,法线贴图的应用是使次世代游戏的画面表现力产生巨大飞跃的重要原因之一,如图 6-3 所示。

图 6-1　漫反射贴图　　　　图 6-2　凹凸贴图　　　　图 6-3　法线贴图

4. 置换贴图

置换贴图(Displacement Map)和法线贴图、凹凸贴图类似,都可以丰富模型的表面细节,但原理却完全不同。后两者并不改变模型的网格和面片,仅通过测算贴图上的像素相对于镜头的位置关系模拟深度或者光线的效果;而置换贴图会根据贴图亮度改变模型的网格构造,明度越高的地方,模型表面位移的值就越大,如图 6-4 所示。

图 6-4　置换贴图

置换贴图的优势十分明显,它能够让模型的凹凸产生遮挡关系和轮廓,而法线贴图和凹凸贴图则无法做到这一点。置换贴图可以快速制作浮雕、蚀刻等表面效果,在影视特效中应用广泛。但是,置换贴图在渲染中会生成大量的虚拟面片,运算量较高,不宜在游戏中过多使用。

5. 视差贴图

视差贴图(Parallax Map)可以被看作是增加了高度信息的法线贴图。这种贴图除利用 R、G、B 三个通道记录法线信息之外,还利用 Alpha 通道记录相对高度。这个额外增加的高度信息和置换贴图的原理类似,都是通过数值定义像素的垂直位移量。因此,可以通过简单地叠加法线贴图(位于 R、G、B 通道)和置换贴图(位于 Alpha 通道)合成视差贴图。

此外,还有一种被称为陡峭视差贴图(Steep Parallax Map)的技术,可以让视差贴图产生的凹凸具有遮挡关系,效果更为逼真。

6. 高光贴图

高光贴图(Specular Map)的作用在高光区域最为明显。由于物体表面的光学性质,在诸如皮肤、皮革、污渍等情形下,高光往往不是一整块连续光滑的区域,而是会根据纹理呈现出斑驳不一的亮光。高光贴图针对这一情形将表面反射度的强弱用位图的明度表示。

7. 阻塞贴图

阻塞贴图(Ambient Occlusion Map)也被称为 AO 贴图,用以模拟各种缝隙、凹槽、夹缝处光线较暗的部分。这些部位尽管有时候属于迎着光照的亮面,但却由于缝隙太深而缺少光线。通过全局光照的方法可以计算出物体的阻塞贴图,它看起来十分类似于阴天时的效果。

8. 反射贴图

反射贴图(Reflection Map)一般用于金属材质,用来模拟水面、玻璃、不锈钢等物体的环境反射。这种方法可以产生与光线跟踪（Ray Tracing）算法相似的结果，但是计算成本较低。只要在游戏场景中物体附近没有近距离的其他物体，其效果几乎可以媲美真实的物理计算。

此外，还有其他的贴图类型，由于篇幅关系不做深入介绍。

6.4.4 游戏渲染

为了更加深入地理解三维游戏美术的制作，需要简单介绍游戏渲染的基础知识。

从原理上讲，游戏的实时渲染和 V-Ray、Arnold 等渲染器的离线渲染没有本质的不同；但二者对渲染速度的要求却有天壤之别。离线渲染没有明显的速度要求，一些电影画面的渲染，每帧甚至需要 24 小时以上的时间；而游戏要求每秒至少达到 30 帧以上的渲染速度才能保证玩家操作基本流畅。

因此，游戏渲染一直有两个主要目标：一是提高渲染的真实感，尽可能地向真实世界和电影特效看齐；二是提高渲染的速度，保证画面的实时输出。为了达成以上两个目标，图形图像工程师不断努力，创造了各种实时渲染技术。

其中，物理渲染（Physically Based Rendering，简称 PBR）就是针对这一目标发展而来的渲染流程。

这一流程通过对真实测量数据的观察结果，对传统微表面材质模型中的各项函数进行了修改，得出一套符合物理原理的渲染算法，较为精确地模拟出了各种材质表面的光照，进而得出质感逼真的图像。如图 6-5 所示，经典的 PBR 除基础颜色（Base Color）外，还包括微表面（Subsurface）、金属度（Metallic）、高光（Specular）、粗糙度（Roughness）等 10 余个参数。

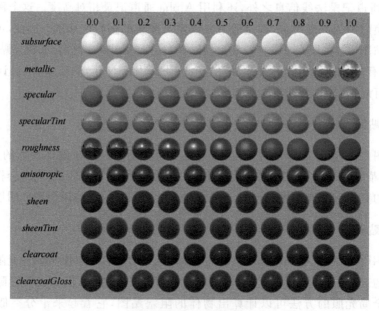

图 6-5 PBR 材质参数

PBR 流程的优势十分显著，除了让渲染结果更加真实之外，同时也更加直观，更容易被艺术家理解，更易于修改和编辑。现在，这一技术已经广泛被各种游戏引擎使用。例如，虚幻引擎 4 中的材质系统（Real Shading in UE4）便基于这个模型进行了简化，保留了其中最为重要的 4 个参数，并对算法进行了优化。这 4 个参数以贴图的方式表示，包括以下内容。

固有色贴图（Albedo Map）：类似于 Diffuse 贴图，表现物体的固有色，需要尽可能地去除高光和阴影的影响，有时可以把 AO 贴图合在此处。

金属度贴图（Metalness Map）：物体表面包含金属或导电物质的程度。在 PBR 模型中，金属材质与绝缘材质的渲染算法不同，因此需要区别开来。一般来说，这张图的对比度较高，暗色和白色较多。

粗糙度贴图（Roughness Map）：物体表面的粗糙程度，这里没有高光度和反射率的概念，只关注物体表面的粗糙度，对金属物体和绝缘物体同样适用。

法线贴图（Normal Map）：记录物体表面的法线方向，与其他渲染流程一致，在此不做赘述。

此外，虚拟引擎 4 还保留了高光贴图（Specular Map），可以用来调整绝缘物体表面的细微反光。

PBR 模型相对比较严谨，一旦材质制作完成，即可用于不同的灯光环境和游戏场景中，大大减少了美术部门的修改工作量。

6.4.5　游戏特效

游戏场景中有一些很难用刚性模型表现的元素，如烛光、烟雾、流水、火焰等，需要用比较特殊的方法制作，这些元素统归于游戏的特殊效果，简称特效。特效一般用粒子系统模拟，可以强化游戏的真实感和游戏性，向玩家传达游戏环境的信息和线索，是游戏画面中必不可少的组成元素。一旦有了特效，整个虚拟世界就生动起来了。

游戏特效有静态特效、动态特效、粒子特效三个类别。

1. 静态特效

静态特效一般用于没有动画的静止效果中。例如从窗口射进来的光柱、蜡烛周围的光晕等。游戏中可以用代码的方式实现，也可以用贴图的方法模拟。

2. 动态特效

动态特效是将一系列的连续贴图用在多边形上的方法。例如，将连续的动画以贴图形式贴在多边形表面，按照指令顺序播放这些贴图，就可以模拟翻滚的烟气、流淌的液体、闪烁的篝火等。大部分气态元素都是采用这种方法表现的。

3. 粒子特效

粒子特效依靠一种名为粒子发射器的元素模拟动态效果，它可以从一个发射器中不断生成大量的粒子，模拟雪花纷飞、大雨滂沱、浓烟上升等效果。在游戏引擎中，粒子特效不需要复杂的动画制作，只要调节粒子的喷发数量、衰减率、速度、方向等参数，就可以制作出一个令人满意的动态效果。

6.4.6　游戏动画

在游戏开发中，动画制作的工程十分浩大，所有活动的角色、怪兽和物件都有大量的动画需求，在片头和过场动画中的动画工作也十分繁重。

游戏动画在整个游戏中非常重要。游戏角色的性格和情绪、行走和跳跃、怪兽的攻击和死亡都可以通过动画活灵活现地表现出来。游戏中的动作流畅与否、能否模拟出物理感，都会直接影响游戏的效果。

游戏动画与普通的动画有所不同，其最重要的特质是游戏动画具有交互功能，是非线性的、可以被脚本实时调用的动画。用户通过控制键盘、鼠标和操纵杆获得对游戏角色的控制，用户输入一个指令、点击按钮，需要游戏角色立即做出相应的动作。即便角色处于休息状态，也会有表现静止状态的动画，称之为闲时动画（Idle Animation），例如角色的呼吸动作、调整装备动作等。同理，部分场景、角色动画也需要由程序控制。

此外，游戏中还有一些不需要交互的线性的动画，如过场动画和片头动画。这些动画可以用来交代故事情节、过渡场景；同时也是用户用来调整情绪、进行视觉享受的时段。

非交互的游戏过场动画有实时渲染和预渲染两种类型。预渲染的过场动画画面精美，可以媲美三维动画电影，缺点是所需成本较高，可能会降低游戏的沉浸感；而实时渲染的动画完全使用游戏中的场景和人物，可以无缝衔接玩家的角色位置和视角，保证画面连贯和游戏流程的完整性。

从动画技术的角度讲，目前有两种主要的动画方式：顶点动画和骨骼动画。

顶点动画也被称为网格动画，每帧动画其实就是模型特定姿态的一个"快照"，通过在关键帧之间插值，在游戏中可以得到平滑的动画效果；在骨骼动画中，模型具有由互相连接的"骨骼"组成的骨架结构，通过改变骨骼的朝向和位置生成动画。

其中，关键帧的概念来源于传统的卡通片制作。在早期迪士尼（Walt Disney）的工作室中，动画师通常分工合作：熟练的动画师设计片中的关键画面，即所谓的关键帧，然后由一般的动画师制作中间帧。而在三维计算机动画中，中间帧的生成由计算机完成，插值代替了设计中间帧的动画师。因此，动画师只需要制作各个关键帧的姿态，即可由计算机自动完成所有的过渡中间帧。一般而言，关键帧的参数包括所有可能影响画面的数值，如位置、旋转角、纹理的参数等。

目前，骨骼动画技术是游戏行业应用最广泛的实时角色动画技术之一。其核心思想是构建一副具有层次结构的骨架，用少部分骨骼驱动为数众多的面片。骨骼动画虽然比顶点动画要求更高的处理器性能，但同时也具有更多的优点。如骨骼动画的创建更容易、更快捷；不同的骨骼动画可以被结合到一起，形成平滑的过渡；各个动画单元也相对独立，角色可以在转动头部、射击的同时跑步。而且，一些引擎可以实时操纵单个骨骼，这样，角色就可以和环境更加准确地交互。例如，角色可以俯身并向某个方向观察或射击，或者从地上的某个地方捡起一个东西。还有一些引擎包含面部动画系统，这种系统通过音位（phoneme）和情绪修改面部骨骼的集合表达面部表情和嘴部动作。

此外，模型在制作完成后不能直接用来制作动画，需要对模型添加骨骼与控制器，并对骨骼的权重（weighting）进行合理的分配后才能交给动画师，由动画师操控控制器进行三维动画制作。这一过程通常被称为蒙皮或绑定。

如果运用了动作捕捉设备，则可以大量节约角色动画的制作时间，动画师只需要对捕捉好的素材进行整合和优化即可。

总体来看，动画骨骼的设定要依照动作需求、解剖结构或机械结构而定；要明确角色的运动范围;动画控制要尽量简洁、实用、可靠。

除此之外,二维游戏会采用序列帧生成动画,其原理与一般动画电影类似,在此不再赘述。

思考题

完成桌面游戏项目的美术设计,如卡牌的牌面、地图、道具或说明书等。

第 7 章

游 戏 引 擎

在游戏研发的过程中,功能实现是不可或缺的部分,其直接关系到程序能否流畅运行、玩家可否与其正常交互。

随着技术的不断更新,游戏规模日益扩大,在短短几十年间,电子游戏由最初的几乎没有画面发展到集精美的光影变幻、逼真的人物场景、丰富的剧情动画及缜密的物理计算于一身。然而上述效果在程序实现上都十分烦琐复杂,尤其在图形学编程和物理仿真实现上尤为困难。游戏引擎的问世则消除了设计师在技术方面的顾虑,它们出色地解决了上述高难度效果实现的问题,让人们可以更为轻松地搭建画面精良的虚拟世界场景。

7.1 游戏引擎概述

7.1.1 游戏引擎的作用

当今游戏市场充斥着大量不同种类的数字产品,例如动作冒险游戏、角色扮演游戏、即时战略游戏、体育竞技游戏、益智解谜游戏等,它们各具风格、与众不同。不过,在这些游戏纷杂的表象下,人们发现它们其实具备着某种一致性——无论何种游戏,透过其表面,人们都能提炼出它们的共同部分,例如所有游戏都不能缺少用户界面和音乐音效,所有游戏都需要实现画幅的控制、场景的渲染以及角色动画的播放。以 3D 游戏为例,大多数游戏都离不开光照、实时阴影、骨骼动画控制以及物理模拟。

这些功能在游戏中不可或缺,但其开发过程却又十分漫长,不仅需要耗费大量的人力和物力,而且非常容易出现意想不到的缺陷,它们就像绘画所需的颜料、摄影所需的胶片、演奏所需的乐器一样,虽然对于艺术作品来说至关重要,但其生产过程却过于复杂,以至于超出了艺术家的创作范畴,应该交给专业的制造商生产。因此,游戏开发者就像画家需要画具一样,需要某种通用的技术框架,以便快速而可靠地开发游戏。

游戏引擎(Game Engine)正是为了解决上述问题而产生的,它是一种软件,已经实现了游戏制作中各方面可能涉及的基本功能,设计师可以直接调用这些功能,开发更高层次的交互(核心玩法)。正如美术设计师使用 Photoshop 制图一样,其中钢笔工具、魔棒、污点修复、滤镜等都涉及了十分复杂的底层技术,但制图人员无须理解钢笔工具背后的贝塞尔曲线原理也能熟练使用它进行抠图。游戏引擎将基本功能的底层程序进行封装,在界面中以可视化的形式呈现,设计师甚至只需要执行简单的鼠标拖曳移动,就能创建三维游戏场景,虽然每一次点击的背后都执行了复杂的程序,但开发者却无须关注。

经过多年的不断发展,今天的游戏引擎已经衍化为一种由多个板块(子系统)组成的综合开发工具,几乎包含了游戏制作所涉及的所有重要部分,如图形引擎、物理引擎、用户界面系统以及数字声音系统等,以下将分别对这些模块进行介绍。

7.1.2 3D 图形引擎

图形引擎(3D-Graphic Engine)主要包含游戏中户外与室内场景的渲染,人物模型动画的绘制,光照、物体材质、阴影和其他光线特效的渲染,以及增强场景真实性的粒子系统(烟雾、水体等)的渲染等。

场景和人物等的渲染作为图形引擎最为基本的功能,这里不再介绍,下面将从光照、阴影以及图形特效三个方面对图形引擎的使用进行详细描述。

1. 光照的设置

(1) 环境光

环境光(Ambient Light)是指在没有添加任何光照的情况下游戏场景的亮度,它没有方向,也没有光源。环境光一般不宜设置得过亮或过暗,设置得过亮会导致所有物体亮度过高而对比度偏低以致视觉体验欠佳;设置得过暗会导致物体在背光面呈现黑色,如果是渲染夜晚光线微弱的游戏场景则可以使用,但在光线较为充分的场景中,环境光过低会使游戏画面极为不真实。因此引擎在默认情况下,环境光亮度较为黑暗(如深灰色),设计师可以在添加其他灯光后再对其进行微调,以达到令人满意的效果。

(2) 平行光

平行光(Directional Light)能照亮一切游戏场景中未被遮挡的物体,可以用作虚拟世界的"太阳光"或"月光",平行光有"光源",但光源的位置对效果没有任何影响,设计师需要调整的是它的旋转角度,以设置光线照射的方向。

设计师可以根据游戏需要改变平行光的颜色和强度,物体在平行光的照射下将产生阴影,一般情况下,光线强度越大,阴影越深。

(3) 点光源

点光源(Point Light)的作用类似于真实世界中的小灯泡,在游戏场景中,以光源位置为中心向周围所有方向均匀地发射光线。设计师可以调整光照强度以及光照范围,在光照范围内,物体离光源距离越近亮度越高。

点光源适合添加给蜡烛、萤火虫、小型台灯的灯泡等发光体。

(4) 聚光灯

聚光灯(Spot Light)在光源位置上添加圆锥形的照射范围。在游戏场景中,这类灯光适合附加给人物的手电筒、大落地灯和路灯的灯泡、探照灯等发光体。设计师可以改变聚光灯照射的最远距离以及向四周扩散的强度等。

(5) 面光源

面光源(Area Light)由一个平面向照射方向散射光线,设计师可以调整发光面的位置、旋转角度、发光面积和光照强度。面光源适合添加给计算机或电视屏幕、遮光罩(模拟透光性)、日光灯管等大面积发光体。

2．阴影的生成

游戏场景中的物体一般优先选择根据平行光生成阴影(Shadow)，因为平行光的计算代价最低；而在没有平行光的场景中，物体也会根据点光源或聚光灯产生阴影，默认情况下，引擎会根据光照强度较大的光源形成物体的一个阴影，如果设计师希望营造更加真实的场景，也可以设置模型根据多个光源生成若干交叠的阴影，但由于这样做十分消耗计算资源，目前大型游戏一般不采用这种方式。

阴影分为硬阴影(Hard Shadow)和软阴影(Soft Shadow)，前者阴影边缘清晰，而后者具备一定程度的虚化效果，因此软阴影的效果更为自然和美观，虽然其消耗的计算资源高于硬阴影，却依然被大多数游戏所采用。

3．图形特效

（1）光线散射效果

在真实世界中，人们透过室内的窗户向户外观察，会发现太阳光在窗框边缘会出现多束散开的光带，这是由于在强光部分被遮挡时会在遮挡物边缘发生散射(God Ray)。

在图形引擎中，设计师可以通过编辑和设置光带模糊尺寸、生成光束的亮度和颜色、射线亮度距遮挡物边缘远近的衰减程度等数值，调整出适合游戏场景当前状态的效果。

（2）泛光

泛光(Bloom)指来自强光源的光线散射到四周的小范围空间中，光源周围似乎弥漫了烟雾；被强光照射的物体在边缘会出现模糊和一定程度的晕光现象。

在引擎中，设计师可以通过编辑器实时、可视地调整泛光效果的各种参数，设置合适的泛光效果能烘托出温暖、梦幻和舒适的环境氛围。

（3）屏幕空间环境遮挡特效

屏幕空间环境遮挡特效(Screen Space Ambient Occlusion，简称SSAO)是指现实世界中光线被遮挡的区域整体亮度较低，即使在阳光充沛的环境下，建筑物背面和树林中的光线强度也远不如被阳光直接照射的区域。

SSAO技术可以实时模拟环境被遮挡的效果，默认情况下，游戏场景中遮挡物较多的区域和不被遮挡的区域的环境光亮度一致；而添加此效果后，房屋角落或者草地中植物和地面交接的部分呈现暗色，使虚拟场景的视觉体验更加真实。

（4）高动态光照渲染

高动态光照渲染(High-Dynamic Range，简称HDR)。真实世界中，人们从户外明亮的场景进入室内，需要等待瞳孔放大以观察暗处的事物；而从室内再步入户外，最初会感觉环境过于明亮，而待瞳孔缩小后，则能再次清楚地观看亮处的物体。

照相机在一种曝光模式下拍照，如果焦点为暗处的事物，则光线充足的部分将呈现白色，人们无法观察其中的细节；而如果着重拍摄明亮的风景，人们也无法观赏暗处的物体，因为它们将笼罩在一片黑色当中。HDR影像类似于照相机调整不同的曝光模式以拍摄多张照片，这些照片叠合在一起，既能展现暗处事物，也能显示明亮场景，正如眼球的瞳孔针对光线进行调节以看清楚不同亮度的环境一样。添加HDR技术后，摄像机会根据主角所在位置的环境光亮度进行"适应"，当从明亮的广场进入黑暗的房间时，画面将由"十分暗淡"过渡到"正常亮度",使主角清楚地观察屋内事物以继续探索场景。

(5) 图像模糊特效

将图像模糊特效(Blur)添加到摄像机后,可以实时地模糊渲染后的图像,以表现高速运动或者虚焦,提高模糊的迭代次数能获得更好的效果,但将消耗大量的时间;通过提高模糊半径能使模糊在一次迭代中扩散得更广,同时也会带来额外的计算开销。

除以上几种效果之外,图形引擎还具备多种其他效果,例如抗锯齿、景深特效、广角镜头、灰度图像特效、动感模糊等,这些效果在游戏引擎中都可以方便添加和编辑,以渲染精致美观的场景。

7.1.3 物理引擎

物理引擎涵盖力学物理系统、人物控制器、粒子系统、布料仿真等部分,能最大限度地模拟真实生活的物理效果,以下将对这些子系统进行详细介绍。

1. 刚性物体模拟

刚性物体(Rigidbody)区别于柔性物体、烟雾和水体等,是难以改变形状、无法穿透的物体。

在虚拟世界中,物体只有被设置为刚体,才能在力的作用下运动,例如悬空的物体受重力作用而落回地面;模拟打高尔夫球,球受到球杆的作用力而高速飞出等。在物理引擎的作用下,刚体根据自身质量、地面的摩擦力、空气阻力、重力以及与其发生碰撞的其他物体进行实时计算并模拟真实世界中物体的运动。

2. 碰撞检测

刚体间会自动进行碰撞检测(Collision Detection),有简单基本的碰撞检测:例如主角在接触一堵墙时不会出现穿透的情况;物体以很快的速度飞出并和墙面发生碰撞会出现反弹效果等;还有较为复杂的碰撞检测:例如两个立方体碰撞时未正对中心点,则会向别处反弹并旋转。不少大型三维游戏都展现出这种复杂精密的碰撞检测,例如台球游戏中球体之间的碰撞。

物理系统会提供多种碰撞体,有立方体、球体、圆柱体、三棱锥等,这些物体碰撞后产生的效果有很大差异,设计师根据模型形状组合使用这些碰撞体完整地包围模型,运行时即可呈现较为真实的物理碰撞效果。

3. 关节等复杂物理机关

游戏场景中常常出现两个或两个以上物体互相关联的机关,使用引擎提供的关节(Joint)系统能更好地模拟其物理性能,例如可以开关的门适合使用合页关节;而推拉门的轨道可以设置为直轨关节;铰链关节或球状关节能模拟钟摆的运动。

在引擎的编辑界面中,设计师可以方便地调整关节的各种数值,并及时观察效果。

4. 布料仿真

游戏中角色的衣物会根据人物关节的运动而飘摆,无论他们的动作多么夸张,衣物的飘动都自然而真实;场景中的旗帜、窗帘或者门帘等在和飞来的石头碰撞时会出现整体向后摆动和波浪式凹凸变化的效果;人物穿过门帘进入房间,门帘展现被人撩起之后再放下的拟真效果。

7.1.4　人物控制器/角色控制器

角色控制器(Character Controller)主要用于第三人称或第一人称游戏的主角控制,不完全等同于前文所述的刚体物理效果,而是更精确地通过人物的各个肢体进行碰撞检测计算。

角色控制器在默认状态下已经具备了很多基本效果,例如根据主角状态播放不同的模型动画(该动画是引擎携带的示例);可以通过类似绝大多数 3D 游戏的基本操作方式控制角色运动,例如按 W、A、S、D 键或者↑、↓、←、→键控制人物移动,按空格键执行跳跃,鼠标控制摄像机方向等;从跑步或走路状态中停下会有速度逐渐减慢的过程而非戛然而止;第一人称角色在步行时,摄像机略微上下运动,模拟人类走路的重心移动。

设计师可以载入建模师建立的角色模型动画,在编辑器中赋值给角色控制器,并在运行过程中实时调整模型动画参数。还能够调整控制器属性值,设置主角能在多大的斜坡上行走,以及能迈上多高的台阶等。

7.1.5　粒子系统

粒子系统(Particle System)可以模拟水流、气体以及其他大量微小粒子的规律运动等物理现象。

1. 水流模拟

物理引擎可以模拟真实世界中水体的运动,例如液体从管道中喷涌而出;玻璃缸中盛有一定量的水,子弹打破玻璃时水流从破裂处向外飞溅;液体从高处洒下,和一定形状的物体发生碰撞后沿物体轮廓向下流动;在容器中盛放的静止的水可以在木板等工具的搅动下运动等。一些物理引擎还具备模拟水花的技术,当水体快速拍打在某个物体上时,水体表层呈现白色"泡沫"。

水流效果在游戏中运用广泛,设计师可以使用其模拟流血的伤口、下水管道、瀑布和喷泉、泥石流和岩浆、室内的浴缸和洗手池等。

2. 气体模拟

该技术可以模拟战场上手雷爆炸后引起的尘土飞扬、沙砾四溅;不断翻涌的烟雾和尘埃;上蹿的火苗以及大面积燃烧的火堆等。

设计师通过调整粒子发射器(产生烟雾等气体的源头)的位置、发射粒子的方向、粒子产生的速度、粒子的数量和大小以及粒子的生命周期等参数,添加适合场景特点的粒子系统。

除此之外,粒子系统还可以模拟例如各色彩带在天空飘扬、雪花和雨点的下落、水底不断上冒的泡泡等效果,实现这些特效只需要更改粒子的贴图或颜色即可。

7.1.6　用户界面系统

用户界面系统(User Interface,简称 UI)包含背景、按钮、图片和文字显示等的添加与编辑功能,涵盖目前"标准"的交互工具,例如滚动条、滑动条、菜单栏、数据输入框等,在游戏用户界面的制作过程中可以充分调用上述功能,例如"调整音乐音量的大小"编辑器的制作,设计师添加引擎携带的"滑动控制条",将按钮贴图更换为美术绘制的图片,设置滑动区域的最大值(最大音量值)以及最小值(最小音量值)即可。

绝大多数软件交互界面的按钮通常有三个状态,即普通状态、鼠标经过按钮区域状态和鼠标单击按钮状态,三个状态下按钮呈现的图标互不相同,UI 系统的按钮具备该交互方式,在引擎的编辑界面中载入不同状态下按钮的贴图,运行时即可使用鼠标与其交互;设计师还可以在调整按钮大小、位置以及旋转角度等属性后,通过引擎界面的实时显示测试按钮效果是否达到预期。

在游戏制作中,通常设计师会让"开始游戏"一类需要吸引玩家眼球的按钮具有动画效果,引擎的 UI 资源库包含大量效果,例如果冻特效——按钮不断拉宽和收缩,酷似弹性效果较强的果冻,要引用此种功能只需要把资源库中的相应脚本附加给按钮即可。

7.1.7　音乐音效系统

随着技术的不断进步,音乐和音效在游戏中的重要性逐渐提升,不少游戏(非音乐类游戏)中,声音已经成为可玩性的一部分,例如当敌人的脚步声越来越近时,玩家会不由自主地集中精力准备迎战;当视线受阻时,玩家可以根据左右耳收听到的敌人说话声的音量差距判断他们的大致方位等。

游戏引擎的 3D 声音技术可以实现上述效果,被设置为立体声音的音源将根据自己的所处位置、传播声音的范围以及距离衰减系数等实时计算在玩家当前位置下播放音量的大小及左右声道分别输出的音量值。携带三维声音仿真增强技术的引擎还可以让声音到达玩家左右耳的时间有微小的差距,让玩家更精确地判断音源位置。除此之外,设计师还可以给声音添加多普勒效应,正如现实生活中火车高速驶过鸣笛声的音调将由高变低;在游戏中,给快速运动的物体的声音设置适当的多普勒效应等级将使场景更为真实。

游戏引擎具备的音乐特效编辑系统可以添加混响、渐变等效果,虽然调节和编辑方式的细致程度不及专业音乐编辑软件,但在游戏运行中实时调节声音无疑大幅节省了设计师的时间。

7.1.8　引擎技术的优势

游戏引擎的脚本编辑系统使非专业程序员、策划和美术人员都能参与游戏交互的编写或调试。

策划师能使用引擎在短时间内模拟游戏的核心玩法,把设计方案展示给其他成员,或测试创意的可玩性是否达到预期。当程序员完成核心程序的编写,游戏正常运行后,策划师可以通过引擎界面给游戏对象的属性值进行微调,在可视的场景编辑界面中修改关卡地形、移动机关位置并及时测试效果。

美术人员可以在引擎的场景编辑器中直观地修改模型的位置和大小;运行游戏时观察动画的衔接是否流畅并设置合适的播放速度;调整图形效果参数,使天空盒、光照和阴影等更加美观自然;通过引擎的 UI 系统轻松构建出理想的用户界面。

引擎的易用与强大使游戏开发步入了一个崭新阶段,而可供开发者选择的优秀引擎往往种类各式、数量繁多,因此了解它们的各自特点、寻找更为适合团队项目的引擎则十分重要。

部分游戏引擎只针对某一类游戏,例如 RPG Maker 专门制作 2D 角色扮演游戏;有的引擎范围更大,例如 Game Maker 适合制作 2D 多种类型的游戏,例如动作游戏、解谜游戏、养成游戏和消除游戏等;还有的引擎可以制作 2D 和 3D 游戏,例如 Unity 的创作范围从简单的 2D 游戏到较为复杂的 3D 第一人称视角或第三人称视角游戏;还有的引擎十分适合制作大型次世代 3D 单机游戏,例如 Unreal(虚幻引擎),以下将对这四款游戏引擎进行更为详细的介绍。

7.2 RPG Maker

RPG Maker 最初由日本 ASCII 公司在超级任天堂主机上开发,之后由 Enterbrain Incorporation 公司继承开发。目前这款引擎已有多个版本,下面的介绍以 RPG Maker VX 为例。

RPG Maker 简单易上手,涵盖十分详细、具体并且直观的编辑系统,即使不会编程也可以制作完整的角色扮演游戏,没有创作经验的人可以通过这款引擎快速迈入游戏制作的大门,设计师只要拥有良好的创意和优秀的美术即可完成自己的作品。

使用 RPG Maker 创作游戏,主要涉及以下几个功能块。

7.2.1 地图编辑器

RPG Maker 的界面较为简约,其中 90% 以上的部分都是地图编辑区,界面左边显示引擎携带的所有地图元素图标,如图 7-1 所示。

图 7-1 RPG Maker 中的地图元素

设计师依次将需要的图标点选并放入游戏场景中的相应位置即可完成地图的绘制。系统自带的图标丰富多样,从户外的灌木、草地、栅栏、石块、木板到室内的床、桌椅、门窗、书架、水晶石、雕像、宝箱等,设计师也可以载入自己绘制的图片以创造更加独特的游戏场景。

绘制地图完毕后需要添加一位主角,单击运行即可通过方向键控制角色在场景中漫游,如图 7-2 所示。

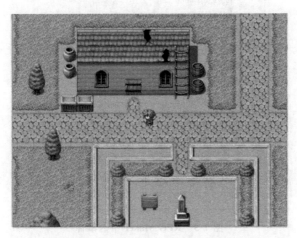

图 7-2　RPG Maker 中的人物漫游

引擎设置了地图边缘的碰撞检测,玩家不会掉入场景外部,并且在系统自带的一系列图标中,石头、砖块、木块等人们潜意识中"坚硬"的物体均将自动和玩家进行碰撞检测,设计师无须自行编写。

游戏创作第一步的地图编辑完成后,设计师则要从事核心交互的制作,下面将介绍 RPG Maker 中的事件编辑系统。

7.2.2　事件编辑器

主角和场景中其他事物的交互需要通过添加和编辑"事件"实现,引擎携带的事件库包含 RPG 游戏中玩家可能经历的绝大多数事件,制作时在编辑界面中选择需要的事件即可。

例如在地图的 A 点(假设的某个位置)放置一尊雕像,玩家走近雕像时发生一段对话。需要在 A 点右击添加一个"新事件",并在事件编辑界面中插入"要做的事",图 7-3 是可以插入的事件选项。

添加一个"显示文本"的事件,并输入要显示的文字,修改 NPC"脸图",设置对话框出现在界面中的位置,触发一段对话的功能就实现了,如图 7-4 所示。

使用事件编辑器还可以实现更多其他功能,例如地图中有一间"屋子",玩家可以进屋并观赏屋内的景象;可以添加"交通类"的"场所移动"事件,把目标场所设定为一张新的地图(屋内场景地图),运行后玩家接触到这间屋子,主角将被"移动"到目标场所,画面呈现屋内场景。其他交互的实现过程与上述类似,例如在商店界面购买物品、查看角色的属性值、播放一段音乐或显示一段动画等,在事件编辑界面中选择相应的事件即可。

完成地图和事件的编辑,游戏的骨架便搭建完毕,之后设计师需要将引擎默认的角色头

图 7-3   RPG Maker 中的事件

图 7-4   RPG Maker 中的文本

像、场景贴图、音乐和动画、技能与武器的各项属性值等变量替换、修改并调试,这些工作涉及 RPG Maker 的另一个重要模块——数据库。

7.2.3   数据库

RPG Maker 拥有内容丰富的数据库,涵盖所有角色、职业、技能、物品、武器、防佩、敌人、敌人队伍、状态、动画、全局事件、总参数和用语,这些类别中所有条目的任意一项数值均可更改,图 7-5 为编辑"连续攻击"技能所有属性值的界面。

设计师可以通过载入美术绘制的图片和动画创造新的角色、武器爆炸特效、人物跑步和

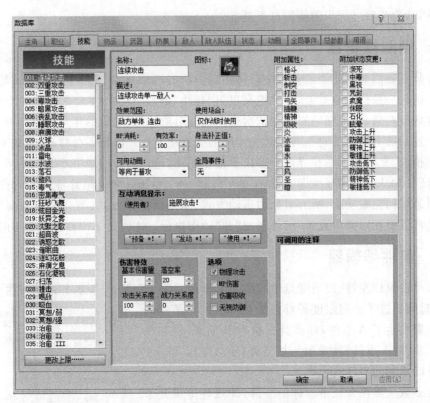

图 7-5 RPG Maker 中的属性界面

说话的姿态或者其他场景视觉元素;通过更改游戏对象的属性以增强平衡性,改善用户体验,而对象之间相互作用的公式无须设计师重新编写,只要将各项数值调配合理即可,至于例如主角攻击敌人或根据设置的攻击值和防御值进行人物当前生命力的计算,设计师则无须顾及。

7.3 Game Maker

Game Maker 是一款以 2D 游戏制作为主的引擎,最初由 Mark Overmars 开发,并于 1999 年发布首个公开版本,之后被英国的 Yoyogames 公司收购。该引擎的版本较多,下面将以 Game Maker 8.1 版本为例进行介绍。

Game Maker 拥有非常灵活、自由、简单易懂的编辑系统,对于内心渴望设计 2D 游戏却因不具备编程技术而选择放弃的人们来说,这是一款不可多得的优秀引擎。正如两个不同国家的人互相交流,由于不懂对方语言而遭遇重重阻碍,但是声音、表情和肢体动作却能帮助他们超越语言的隔阂而快捷地把思想传达给对方;Game Maker 利用按钮和图标构建游戏逻辑,而非抽象的编程语言,图标的形式让设计师对事件的触发和执行过程一目了然,好似设计师在通过图画和编辑器进行交流,更加高效地把自己的思想传达给计算机,设计师如果具备较为清晰的逻辑思维,使用 Game Maker 制作游戏将非常得心应手。

Game Maker 具备以下几个重要模块,了解这些子系统之后,读者将对该引擎的轮廓产生初步认知,为今后进一步的使用打下基础。

7.3.1 地图编辑器

设计师首先需要创建当前关卡中即将出现的所有游戏对象,例如构建《超级马里奥》的场景需要新建一系列的空对象,并且把马里奥、砖块、蘑菇、怪物、食人花等美术绘制的图片附加给这些空对象,在地图编辑器中依次选择这些对象,放入场景的相应位置即可。

而上述只拥有贴图的对象并不具备实际的交互功能——怪物不会移动、主角不会攻击、金币不能拾取,充其量只是在界面上多出了很多图片,这还远非一款游戏。

和 RPG Maker 封装了大量成熟的交互机制不同,Game Maker 具备更高的自由度,没有过多封装好的完整功能,所有对象的运动方式、主角的操作方式、游戏成绩和高分榜以及过关判断都需要在对象中设置"事件触发"和"动作执行",这也是下面要着重介绍的部分。

7.3.2 事件编辑器

玩家单击鼠标左键、按下键盘中的某个字母键或者方向键、马里奥和怪物发生了正面碰撞、过关时间超过了一定限度等都是游戏"事件"。游戏的逻辑是如果发生了 A 事件,那么就要执行 B 动作,例如单击了鼠标左键(A 事件)就发射一枚子弹(B 动作)。图 7-6为所有可以添加的事件的大类。

图 7-6　Game Maker 中的事件类

绝大多数大类包含很多具体的事件,即设计师需要添加给对象的最终事件,例如在"Key Press(某个键被按下)"中,就包含了普通计算机键盘中的所有按键(数字键、字母键、功能键、方向键等),添加了这个事件后,在运行游戏时,该对象就会不断地判断该事件有没有被触发,例如给"马里奥"对象添加一个"Key Press"中的"Right"事件(按下方向键中的右键),游戏开始后,"马里奥"对象就会一直判断玩家是否按下了右键,如果右键被按下,则执行事件之后的动作(动作部分也需要设计师设定,这将在下一部分详细介绍)。

因此在制作游戏时,要清楚地知道在每个对象身上会发生什么,并对其添加所有事件,否则该对象将不能实现预期的全部功能。例如《超级马里奥》在操作方面就应被添加"Key Press"中的"←""→"和"Space(空格)"三个事件;《俄罗斯方块》中七种积木对象都需要被添加"Key Press"中的"←""→""↓"和"Ctrl(控制积木旋转,换成其他按键也可以)"这四个事件。在这里,设计师还需要注意,Game Maker 事件的分类十分细致,键盘事件分为键盘被按下和被松开,鼠标事件也是如此,不难发现其实《超级马里奥》和《俄罗斯方块》中主角或积木被操作的事件不止三个,因为上述的三个事件都是键盘被按下,还应该添加键盘松开的几个事件,因为玩家不可能一直按着键盘不放,当按键被松开的一瞬间,游戏对象也应该立刻做出反应。

读完以上内容,相信读者已经发现事件的设置只是游戏逻辑的前半部分,更为重要的是事件被触发后的结果(动作),只有这两部分都被正确设置,此对象才拥有完整健全的机能。

7.3.3　动作编辑器

动作指如果某个条件被判断成立,之后会执行的一系列指令,例如《超级马里奥》中马里奥的"向右移动",就是当方向键中的右键被按下(事件)时执行的动作;《俄罗斯方块》中积木的旋转是当按下了 Ctrl 键(事件)时执行的动作。

Game Maker 中的动作种类繁多,对于一些简单的游戏逻辑,在事件判断之后只需要附加一个动作即能实现,例如马里奥的向右行走,在"Key Press"中的"Right"事件下添加"Speed Horizontal(横向速度)"的动作,并且在动作编辑框内将"速度值"设置为一个大于零的值即可;松开"→"方向键时,马里奥停下来,只需要在"Key Release(按键松开)"中的"Right"事件下添加"Speed Horizontal"动作,并把速度设置为 0。这样两组事件加动作就能实现《超级马里奥》中马里奥向右走动的功能。

对于一些较为复杂的操作,例如主角的跳跃、子弹的发射等,则在动作的编辑中还需要加入一些条件的判断,组合多条语句才能构建完整的逻辑,这体现出 Game Maker 引擎的出色之处——动作库中所有的动作都十分基本而单纯,因此设计师才得以利用它们组装出更多复杂的功能。

Game Maker 的使用并不困难,因为引擎将程序代码由文字形象化为图标,清晰地呈现出游戏高层次的交互逻辑,开发人员可以将精力完全集中在游戏逻辑的构建上,而非底层程序的实现,因此不必担心自身技术功底是否深厚,使用者只需要具备严谨清晰的逻辑思维即可胜任一款完整 2D 游戏的制作。

7.4　Unity

Unity 是一款由 Unity Technologies 开发的兼可制作 2D 游戏和 3D 游戏的较为全面的专业游戏引擎(多用于 3D 游戏研发),它在 Windows 和 Mac OS X 平台均具备相应版本的编辑器,制作的游戏可以发布在 Windows、Android、Mac、iPhone/iPad、Wii、Kinect 和 Windows Phone 8 平台上。

游戏市场充斥着不少 Unity 引擎的相关产品,例如单机游戏《捣蛋猪》《轩辕剑 6》《模拟外科 2013》《轩辕剑外传》等,手机游戏《炉石传说》《愤怒的小鸟》《神庙逃亡 2》《果冻防御》等。

Unity 引擎由于操作简单、效果出色、可以跨平台发布游戏等优点,受到大量初学者的欢迎,下面将详细介绍该引擎的部分子系统。

7.4.1　场景的搭建和场景漫游

将建模师搭建的游戏场景模型拖曳至空白的地图后,设计师可以从多个视角对其进行观察并在可视界面中调整其位置、大小以及旋转角度等(对模型的调整方式类似 3ds Max)。

Unity 具备简易直观的地形编辑器,设计师可以使用笔刷(可设置其大小及变形幅度)让地面上凸或下凹。引擎携带了自然环境的多种纹理贴图和植物模型,例如草地、黄土地等贴图以及树木、灌木和花草等植物模型,制作者可以使用其构建一个简单的森林场景。

除了地面和场景模型以外,游戏天空环境的渲染也十分重要。在引擎的"渲染设置"编辑框中,给"天空盒"变量添加一个材质,运行时即可观赏场景四周的"天空"景象,引擎提供了不同天气和时间下的天空盒,例如傍晚、晴天、阴天和多云等。在此编辑器中,除设置天空盒外,还可以设置其他的场景效果,例如环境光——数值越高,环境亮度越大;迷雾——可以设置雾的颜色、密度、主角能看到的最远距离等。

Unity 引擎还涵盖了内容丰富的粒子系统,例如沙砾飞溅、黑烟四散、烈火燃烧、气泡上冒等,设计师根据游戏场景的需要可以自由添加,并通过编辑界面修改粒子的出现频率、运动方向、运动速度、大小和贴图等,调整出符合场景风格的粒子系统。

除此之外,引擎的水体效果也可以方便调用,Unity 资源库包含喷泉、瀑布、小水潭、大面积海浪等流体效果,在构建场景的自然环境时,水体的渲染无疑将大幅提升游戏画面的真实度。

当地面、天空、所有场景模型以及其他增强艺术效果的部分各自就位后,游戏场景便基本搭建完成,之后在工程文件夹中将引擎自带的第一人称控制器(First Person Controller)拖曳至游戏场景并点击运行项目,设计师即可通过 W、A、S、D 键或 ↑、↓、←、→键和 Space(空格键)键操控摄像机在场景中进行第一人称场景漫游。

7.4.2　模型动画的导入和调试

在第三人称游戏中,主角模型的动画会不断呈现在界面上。使用 Unity 引擎设置模型动画非常方便。在引擎自带的第三人称控制器中,ThirdPersonController 脚本调用了主角的各种基本动作,例如休息、走路、跑步、跳跃,而这些模型动画都可以在引擎的可视化编辑界面中直接被替换,如图 7-7 所示。

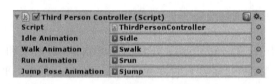

图 7-7　Unity 中的动画脚本显示

美术建模师把主角每个动作的动画导出之后,赋值给脚本编辑器中的动画变量,替换引擎自带的人物动画,重新运行后即可看到建立的主角能在场景中漫游了。

上面介绍的动画导入使用了引擎传统的 Animation 系统,除此方法之外,还可以使用Unity 后来推出的 Animator 系统。

7.4.3　物理引擎的使用

如果不使用物理引擎,例如 2.3.1 节中搭建好环境就直接场景漫游,玩家是可以穿过各种建筑物、树木和其他各种物体的,而最终的游戏显然不能如此。

Unity 使用了著名的 Physics 物理引擎,可以轻松地给模型添加碰撞体。对于简单规则的模型,可以直接添加物理组件中的碰撞体,例如 Box Collider(立方体碰撞体)、Sphere Collider(球形碰撞体)、Capsule Collider(胶囊状碰撞体)等,还可以直接添加 Mesh Collider(模型碰撞体)。不过对于更为复杂的模型,创建各种各样的立方体、球体、柱体等基本物体,把模型完整并精确地包围,再让这些碰撞体都取消显示,是给复杂模型添加碰撞体的通常做法。

对于一些可以交互的物体,例如游戏中的砖块可以被主角拾取并扔出,需要给这个砖块添加立方体包围盒,再添加 Rigidbody 组件,该砖块即能执行被扔出后逐渐落向地面的动作,并且根据飞出的角度不同,砖块碰撞到地面后会出现不同的翻滚反弹效果。

具备了这些基本的物理效果,在场景中漫游就已经具有较强的真实性了,如果设计师希望制作非常逼真的大型游戏,还可以在需要时添加关节系统和使用绳索插件,虽然流体效果在物理引擎中已经实现,但在 Unity 引擎中还未成熟运用,不过可以通过编写底层的代码实现水体冲击和布料等更能增强真实感的物理效果。

7.4.4　图形引擎的使用

不论游戏呈现出多么精致的模型、多么顺畅的动画、多么自然的交互,如果没有良好的光影效果,玩家就不能较好地沉浸在游戏中,因为这是现实生活中最自然的部分,因此在游戏中,这一方面的制作尤其不可忽视。

Unity 引擎提供了各种各样的光照类型,设计师可以通过更改直射光的角度设置游戏场景中类似"太阳光"等主要光源的照射方向。对应游戏中各种其他发光体的性质,设计师都能在引擎的资源库中找到与此对应的光源,还能够通过改变模型的材质属性(如把材质改为自发光材质)或者添加一些粒子系统(如小范围的火焰)达到增强发光物体真实性的效果。

添加各种光源后,周围的物体已经能出现被照亮的效果,接下来需要生成阴影。在非专业版的Unity 中,只有直射光能产生阴影,对阴影的设置可以直接通过"直射光"对象的属性编辑区进行设置,如图 7-8 所示。

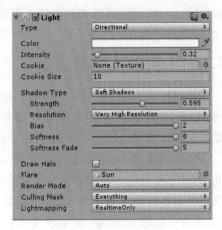

图 7-8　Unity 中的灯光

Unity 还具有很多其他的图形学效果,在专业版的 Unity Pro 中,设计师可以从引擎的资源库中寻找到实现更多光照效果的脚本,例如 Bloom(被光线照射的物体边缘出现模糊)、GrayScaleEffect(仅显示黑白,适合主角死亡时的效果)、SSAOEffect(屏幕空间环境光遮蔽)等,简单地把这些脚本附加给摄像机就可以实现效果。

一款优秀的游戏引擎涵盖了如此大量的高端技术,设计师如同站在巨人的肩膀上制作游戏,把团队所有的智慧都凝聚在人物、场景的建模和游戏的交互机制与核心玩法的设计上,就能高效地制作出一款大型的 3D 游戏。可见学习与熟练掌握专业的游戏引擎,将成为开发者由入门走向巅峰的必经之路。

7.5　Unreal Engine

Unreal Engine(虚幻引擎,以下简称 Unreal)是由美国电子游戏开发公司 Epic Games研发的游戏引擎,从 1996 年至今已对外发布了 Unreal1、Unreal 2、Unreal 3 和 Unreal 4 等多个版本,并且为了鼓励更多的游戏开发者使用 Unreal,该公司于 2009 年发布了 Unreal 3 引擎的免费版本,即 UDK(Unreal Development Kit)。

自 Unreal Engine 诞生以来,众多游戏公司使用这款功能强大的引擎创作了一款又一款脍炙人口的 3D 游戏大作,例如《美国陆军》系列、《分裂细胞:断罪》《分裂细胞:双重间谍》《战争机器》(第一代、第二代、第三代)、《质量效应》(第一代、第二代、第三代)、《荣誉勋章》《荣誉勋章之空降神兵》《无主之地》(第一代、第二代)、《生化奇兵》(第一代、第二代、《生化奇兵:无限》)、《鬼泣 5》等。除了在游戏方面的运用之外,Unreal 还在 CG 动画领域、建筑和教育等其他专业领域做出了不少贡献,例如 Vito Miliano 公司曾经使用虚幻引擎开发建筑设计应用;华纳兄弟、索尼电影娱乐公司、哥伦比亚电影公司、史克威尔艾尼克斯等电影公司都曾经使用 Unreal 制作 CG 动画。

Unreal 可以实现波光粼粼的水面、变幻莫测的天空、缥缈缭绕的烟雾等粒子运动流畅细腻的动画和精确的物理效果,为玩家呈现震撼人心的恢弘场景,并且该引擎本身好用易学,网络上有大量完整详细的视频和图文教程,游戏设计类书籍中也有很多 Unreal 的使用教材,对于初学者们来说条件优越。Unreal 非常适合制作 3D 第一人称和第三人称游戏,而创作第一人称射击游戏尤为方便。下面将以 UDK(和虚幻 3 代具有几乎相同的效果)为例,介绍 Unreal 的几个重要方面,带领读者初步了解这款闻名世界的优秀引擎。

7.5.1　引擎的建模功能

初次打开 Unreal,相信很多美术建模师都会倍感亲切,因为引擎的场景编辑界面酷似 3ds Max,界面分为四块(三张线框图和一张实体图),设计师可以同时从上方、右方和前方观察和编辑场景。而除了界面风格类似建模软件之外,Unreal 的功能也包含模型的搭建。

Unreal 具备 Brushes(画刷)系统,其中含有所有基本的立体形状(立方体、球体、四棱锥、圆柱等),还包含建筑物中常见的几种楼梯形状。如果要构建较为简单的模型,设计师可以直接利用画刷中的形状,编辑其基本属性(如长、宽、高等),然后使用 CSG(构造实体几何体)系统中的添加、挖空、交集或反交集对基本模型进行加工和修饰。例如要搭建一个带门的墙,使用前文介绍的 Unity 需要创建 3 个立方体并进行衔接(门的左边、右边和上边),而在 Unreal 中只需要使用画刷创建一个立方体,然后利用 CSG 中的挖空功能,在立方体"墙"上"挖出"需要出现"门"的部分即可;如果要创建一个立体的"吃豆人",设计师可以使用画刷创建一个球体,然后使用四面体的顶角部分挖空球体的一角即可。多次使用上述方法,可以把一个最简单的模型变得复杂而呈现出另一个形状。

除了上述简单的建模方式之外,Unreal 还具备几何体工具的编辑器,包括挤压、画笔、画刷剪切、分割、翻转、旋转、融合等功能,设计师可以像在现实生活中做手工一样,利用这些功能把场景中的模型的某个面"切断",再"翻开"成为新的形状;或者使用"画笔"绘制出一个个平面或立体图形;当编辑复杂的模型而出现了很多无用线条时,无须设计师仔细辨别并手动删除,可以利用"优化"功能,引擎会立刻将其清除。

使用这种建模方法构建的物体直接带有碰撞检测的功能,对于简单的模型,设计师可以考虑直接在引擎中构建,之后再给它们附加材质纹理;而对于需要在建模软件中建立的复杂模型,可以利用此项功能给模型添加较为精确的碰撞体。

7.5.2 天空盒与光照阴影

本书之所以把天空盒和光影等图形学处理系统放在同一小节中介绍,是因为 Unreal 中的天空盒非常符合设计师的创作需求。

引擎自带多种时间和天气下的天空盒,添加入游戏场景后,这些"天空"是动态的,能观察到云朵的缓慢漂移,并且太阳的位置和天空的色彩也十分符合大自然的特点,例如"Morning(早晨)"和"Afternoon(傍晚)"的天空是不一样的,前者太阳会在场景的东面,而后者在西面;同时,天空的色彩会有微妙的区别,傍晚的天空更偏红色,彩霞的渲染也十分逼真。

除此之外,添加天空盒后,场景中直接具备直射光,光照方向是从天空盒中"太阳"的位置到地面,同时所有的模型生成柔和的软阴影;透过模型建筑物的窗户或门照射进室内的直射光会出现明亮的光带,窗户边缘也会呈现模糊的光晕效果。和某些引擎中需要设计师手动添加光照和设置阴影不同,Unreal 无须担心自己搭配的光影和环境不够协调,使用 Unreal 自带的效果便足以吸引玩家的眼球。

7.5.3 场景编辑

在引擎中,可以通过多种方式观察和编辑场景,例如编辑模式中有画刷线框、普通线框、无光照模式、有光照模式、细节光照、纯光照模式,还有光源复杂度、贴图密度等模式,这些模式让人们能细致地从某一个视角对场景的某一方面进行充分的编辑,而不受其他因素的干扰。

当需要摆放模型或者从各种角度观察和体验场景时,引擎编辑器中的第一人称漫游式摄像机能让人们在没有运行游戏的状态下就能通过控制方向键并配合鼠标在场景中四处漫游了,美术设计师不仅能以上帝视角或者远景、全景视角观察模型,还能以玩家的游览视角体验场景,如此可以更加方便地找出模型中需要微调的部分。

当设计师把场景搭建完毕后,可以立即点击运行,引擎默认的游戏状态是第一人称漫游,当然,也可以通过设置"世界属性"轻松地在选项栏中更改为第一人称射击的游戏模式。再次运行后,就能端着枪在场景中探索了,单击鼠标左键射出子弹,还能观察引擎自带的子弹动画、被射出后碰撞到其他模型或地面后被反弹并消失的物理效果;机枪在射击的瞬间微微晃动;界面上显示玩家朝向的小地图和主角的 HP 值、武器的武力值等;还能听见逼真的走路和开枪的音效……到这里,除了编写交互的脚本外,一款 FPS 游戏的其他部分已经全部实现。

和其他 3D 游戏引擎类似,Unreal 并没有太大的特殊性,其基本方面,例如模型的载入和场景的搭建、调节灯光阴影、添加水体和粒子效果以增强真实感、添加人物控制器以实现场景漫游、编写代码以实现交互功能等,在任何一款游戏中都不可缺少,而引擎也均能提供编辑和创建以上功能的工具,只是它们的使用方法和展示界面不同,因此对于已经用过其他引擎的读者来说,Unreal 和前文所说的 Unity 都很容易上手,而对于没有使用过引擎的开发者,可以先尝试本书介绍的简单引擎,如 RPG Maker 和 Game Maker,相信在它们人性化的服务下,大家都能得心应手地制作出自己设计的游戏。

思考题

用引擎为你的桌面游戏制作一个简单的同题材电子版。

参 考 文 献

[1] 吴航. 游戏与教育——兼论教育的游戏性[博士学位论文]. 武汉：华中师范大学教科院, 2001：22.

[2] 康德. 判断力批判. 邓晓芒, 译. 北京：人民出版社, 2002：147.

[3] 董虫草. 游戏 & 艺术. 北京：人民出版社, 2004：20.

[4] 康德. 康德全集(第15卷). 德国科学院. 1925：267. 转引自：曹峻锋. 康德美学引论. 天津：天津教育出版社, 1999：420.

[5] 席勒. 美育书简-缪灵珠, 译. 缪灵珠美学译文集(第二卷). 北京：中国人民大学出版社, 1998：169.

[6] Wittgenstein, Ludwig. Philosophical Investigations. trans. G E M Ancombe. Oxford：Blackwell, 1953：66.

[7] 弗洛伊德. 论创造力与无意识. 孙恺祥, 译. 北京：中国展望出版社, 1987：42.

[8] 胡伊青加. 人：游戏者. 成穷, 译. 贵阳：贵州人民出版社, 1998：34-35.

[9] 叶思文, 宋昀璐. 游戏设计全方位学习. 北京：中国铁道出版社, 2006：20.

[10] 拉夫·科斯特. 快乐之道——游戏设计的黄金法则. 姜文斌, 杨阳, 周晶晟, 等译. 上海：百家出版社, 2005：16.

[11] Andrew Rollings, Ernest Adams. Andrew Rollings and Ernest Adams on Game Design. Indianapolis：New Riders Publishing, 2003：73.

[12] Andrew Rollings, Dave Morris. 游戏结构与设计. 付煜, 庄晓雷, 等译. 北京：北京希望电子出版社, 红旗出版社, 2005：36.

[13] Richard Rouse Ⅲ. 游戏设计：原理与实践. 尤晓东, 等译. 北京：电子工业出版社, 2003：98.

[14] Tracy Fullerton, Chirstopher Swain, Steven Hoffman. 游戏设计工作坊. 陈建春, 白雁, 万传风, 等译. 北京：电子工业出版社, 2005：99.

[15] 吴玺玺. 游戏设计入门. 重庆：重庆大学出版社, 2005：63.

[16] Richard A. Bartle. 设计虚拟世界. 王波波, 张义, 等译. 北京：北京希望电子出版社, 红旗出版社, 2005：93.

[17] 刘焱. 儿童游戏通论. 北京：北京师范大学出版社, 2004：252.

[18] Jerome S. Bruner. 游戏是重要的任务. 邵瑞珍, 译. 教育研究, 1980(5).

[19] 福禄倍尔. 人的教育. 孙祖复, 译. 北京：人民教育出版社, 1991：33-34.

[20] 丁海东. 学前游戏论. 济南：山东人民出版社, 2001：82-85.

[21] 库尔特·考夫卡. 格式塔心理学原理. 黎炜, 译. 杭州：浙江教育出版社, 1997：5-7.

[22] 弗洛伊德. 精神分析引论. 高觉敷, 译. 北京：商务印书馆, 1988：285.

[23] Donald A. Norman. 情感化设计. 付秋芳, 等译. 北京：电子工业出版社, 2005：112.

[24] 赫伊津哈. 游戏的人. 多人, 译. 北京：中国美术学院出版社, 1996：5.

[25] Stephen W. Littlejohn. Theories of Human Communication. Belmont, CA：Wadsworth Publishing Company, 1989：41.

[26] Marc Saltzman. 游戏创作与职业——来自行业专家的内部机密. 向海, 译. 北京：兵器工业出版社, 北京希望电子出版社, 2005：124.

[27] 叶展. 游戏设计之未来：自生性游戏性、游戏规则、玩家构建. 游戏创造, 2006(1)：26-32.